PRIX : VINGT CENTIMES.

DU FUMIER.

DE LA CULTURE ET DU BÉTAIL, EN VUE DU FUMIER.

Par Amédée BERTIN,

MEMBRE DE LA LÉGION-D'HONNEUR, ANCIEN SOUS-PRÉFET DE FOUGÈRES, ANCIEN REPRÉSENTANT D'ILLE-ET-VILAINE.

« En Angleterre, on porte dans les plus pauvres villages la prédication agricole ; on répand jusque dans les chaumières de petits livres d'agriculture à très-bon marché. Rien n'est épargné pour porter à la connaissance du peuple la théorie des assolements, le bon emploi des engrais et amendements, l'art d'élever et d'engraisser le bétail. »

Léonce DE LAVERGNE.

« Les livres faits pour les laboureurs, s'ils sont longs ne sont pas lus. »

Jacques BUJAULT.

« Produire beaucoup de fumiers à bas prix, les bien préparer, les bien employer, tout est là, prospérité de l'agriculture, abondance des subsistances, amélioration de la santé publique. Nous ne disposons que du *tiers* des engrais produits, nous n'utilisons que le *quart* de l'azote de ceux employés ; 2 litres d'urines, ou 5 kilog. de jus de fumier, ou 30 grammes d'azote donnent un kilogramme de blé ; quand toutes les pratiques agricoles donnent un bénéfice de 1 fr. le fumier en donne un de 4 fr. »

SON IMPORTANCE. — Il n'y a pas de cultivateurs qui ne puissent gagner au moins 100 fr. par an, en préparant, en employant mieux ses fumiers. *1 litre d'urines de cheval, 2 d'hommes ou de mouton, produisent 1 kilogramme de blé ;* en empêchant la perte de 500 à 1,000 litres, on gagne 100 fr. Toute la question des fumiers est là, *ne perdez pas les urines,* et celle de *l'abondance des subsistances* est toute dans la question des fumiers, dont la bonne préparation intéresse la *santé publique*. Les laboureurs repoussent souvent les améliorations par cette réponse : *cela ne convient pas à notre pays*, ici ils ne peuvent même pas la faire, dans tous les pays on n'a jamais assez de fumier.

Dieu, en bénissant les travaux des cultivateurs peut seul leur donner l'abondance, mais il faut qu'ils s'aident : *Aide-toi, le ciel t'aidera.* Les Flamands qui, depuis des siècles, se donnent tant de soins pour fumer leurs terres, disent : *Après Dieu, le fumier, c'est le petit bon Dieu, il donne tout.* Ayez les meilleurs instruments aratoires, les terres les mieux préparées, le meilleur cours de récoltes, les meilleures races de bestiaux, vous ferez très-bien; si vous voulez faire encore mieux, aménagez toute votre exploitation, de manière à avoir, *au plus bas prix, la plus grande quantité du meilleur fumier et à en faire l'emploi le plus productif.*

Le fumier fait des miracles, il est le plus habile des laboureurs, il triomphe de tout, des mauvais temps, des plus mauvais sols, des attaques des animaux; quand on a du fumier, on a de tout, les récoltes viennent d'elles-mêmes.

Un fermier belge cultivait toujours à rebours des autres, trop tôt ou trop tard, on s'en moquait, il avait toujours les plus belles récoltes ; étant aubergiste, il disposait de montagnes de fumier. Un fermier normand disait à une société d'agriculture, où on avait parlé de tout, vous avez dit de très-bonnes choses, mais j'en sais une bien meilleure encore dont vous n'avez rien dit : *c'est du fient, du fient et encore du fient.* Un chaudronnier de Deux-Ponts avait un jardin de 3 ares, qui recevait les urines d'une étable à vaches que le propriétaire perdait, il y récoltait 7,700 kilog. de betteraves, 256,000 à l'hectare. On obtient sur couche des bettes de 17 kilog., 340,000 kilog. à l'hectare. Les brasseurs de Saarbruck, qui disposent de masses de fumier, obtiennent de 60 à 80 hectol. de seigle à l'hectare. Young dans un hectare de terrain argileux défoncé, fumé à 106,000 k. de fumier et 72 hec. de cendre, de houille, obtint 120 hectol. de fèves, équivalant à 40,800 kilog. de foin. En grand, on n'obtiendrait pas ces récoltes qui prouvent la puissance des urines et des fumiers abondants.

Plus on augmente la fertilité du sol par d'abondantes fumures, plus on obtient à bon marché des récoltes, du bétail en abondance de très-bonne qualité, plus la culture donne de bénéfice. Les frais de culture sont les mêmes pour une terre pauvre ou riche ; ils sont d'autant plus faibles qu'ils portent sur une plus forte récolte. Si la culture, la récolte de deux hectares coûtent pour chacun 150 fr., que l'un donne 10 hectolitres de blé, l'autre 30, les frais sont de 15 fr. par hectolitre pour le premier, de 5 fr. pour le second, bénéfice 10 fr. par hectolitre pour le second. Avec des récoltes et du bétail médiocres, on est toujours en perte, il faut tout faire pour avoir les récoltes les plus abondantes, le bétail le plus productif, dût-on réduire l'étendue des terres que l'on cultive, le nombre de bestiaux que l'on élève ; on laboure, on élève trop pour ce que l'on a de fumier, de nourriture. *Qui trop embrasse mal étreint.* Ce n'est pas ce qu'on laboure et sème, ce qu'on élève de bestiaux qui rapporte, c'est ce qu'on fume abondamment, ce qu'on nourrit toujours bien ; ce n'est pas le bétail qui produit du fumier, c'est ce qu'il mange. On doit à tout prix porter la fertilité de la terre au plus haut degré, pour amener à leur dernière perfection toutes les parties de l'agriculture ; le moyen le plus puissant, le plus certain, le moins coûteux, le plus rapide pour arriver à ce résultat, c'est *d'améliorer le sol par d'abondantes fumures*, de lui donner non une demi fumure, mais une double, une triple fumure, l'effet du fumier est d'autant plus énergique que le sol est déjà plus fumé, et plus on le fume plus sa fertilité s'accroît. Plus on a de fumier, plus on a de fourrages ; plus on a de fourrages, plus on a de bétail et de grain ; plus on a de bétail et de fourrages, plus on a de fumier, et qui a du fumier a de tout ; *à grand fumier grand grenier, prés naturels et artificiels bien fumés, récolte doublée.* Travaillez toujours à avoir trop de fumier, trop de fourrages.

— 4 —

vous en manquerez encore et toujours ; c'est le moyen d'arriver au but de l'industrie agricole, produire le plus possible en récoltes, en bestiaux, en dépensant le moins possible en travail, en argent.

Dans une exploitation rurale, tout doit être disposé en vue du fumier ; une ferme est une fabrique de fumier, les bestiaux sont des machines à fumier, les fourrages sont la matière première des fumiers. Choisissez l'aménagement de la culture qui produit le plus de fourrages, utilise le mieux les fumiers ; l'aménagement le plus productif de viande, lait, travail, fumier ; l'aménagement qui permet de préparer la plus grande quantité de fumier, de lui donner, de lui conserver le plus de qualités. Malgré tous vos soins pour faire beaucoup d'engrais d'animaux, d'engrais verts par l'enfouissement des plantes, vous en manquerez encore ; achetez autant d'engrais naturels et artificiels que vous pourrez, vous ne placerez jamais votre argent à un plus haut intérêt.

AMÉNAGEMENT DU FUMIER. — Les nombres ci-dessous sont des à peu près variant avec l'âge, le sexe, le poids, la nourriture, la santé des individus, ils donnent une idée des quantités de déjections à recueillir, de l'importance de leurs diverses parties.

		Homme.	Cheval.	Vache.	Mouton.	Porc.
Poids des individus.		60^k	420^k	600^k	28^k	60^k
Quantités de déjections rendues par an, en :	Excréments.	58	5,840	5,475	257	456
	Urines.	456	1,642	4,562	182	1,277
	Totalité.	514	7,482	10,037	419	1,733
Quantités contenues dans les déjections rendues par an, en :	Eau	455^k	5,550^k	8,400^k	268^k	1,598^k
	Azote.	7	55	41	4	6
	Acide phosp^e	9	12	9	2	55
Quantités contenues dans les urines rendues par an, en :	Azote.	6	42	20	2	5

Les déjections contiennent plusieurs substances dont deux, *l'azote et l'acide phosphorique*, et surtout l'azote, indiquent la plus grande richesse des fumiers ; 30 grammes (une once) d'azote, 15 grammes d'acide phosphorique donnent 1 kilog. de blé ; ou 1 kilog. d'azote donne 33 kilog. de blé. L'azote est sous forme de *sels d'ammoniaque*, l'acide phosphorique est à l'état de sel *phosphate de chaux*, qui fait la partie solide des os. Les urines riches en azote, pauvres en phosphate forment une partie importante des déjections, variable pour chaque espèce. Les déjections contiennent beaucoup d'eau, 82 pour 100 en moyenne, ce qui gène dans la préparation des fumiers. Les parties liquides, les plus difficiles à retenir dans la litière, se décomposent très-vite ; on ne peut en séparer les matières *salines* très-précieuses qu'elles contiennent, qu'il faut à tout prix conserver dans le fumier. Les parties solides des déjections moins précieuses, plus faciles à retenir, à conserver, sont principalement formées des débris pailleux de la nourriture non digérée. Le fumier de ferme, bien préparé, à demi consommé contient sur 100 kilog. : eau, 70 à 79 kilog. ; azote, 0 kilog. 42 à 0,72 ; acide phosphorique, 0 kilog. 21 à 0,50.

Le secret du succès des cultivateurs Flamands et Anglais est dans le soin qu'ils mettent à recueillir tout ce qui peut faire du fumier. Une fumure ordinaire est de 30,000 kilog. de fumier par hectare ; en Flandre, on fume, depuis des siècles, à raison de 50,000 kilog. pour 3 ans ; les Anglais emploient par hectare trois à quatre fois plus de fumier que nous, et, en outre, d'énormes quantités d'engrais artificiels (guano, débris de poisson, sang, chair, chiffons de laine, poudre d'os, noir de raffinerie, et autres débris d'animaux ; tourteaux, eaux de féculerie et autres produits végétaux ; eau et sels d'ammoniaque, azotates divers ; différentes matières minérales pour amendements, contenant du calcaire, du soufre, du phosphore, de la potasse, de la soude, de la silice soluble.)

En France, on perd au moins la *moitié*, souvent les *trois-quarts* des engrais venant des déjections des hommes et des animaux, par la mauvaise préparation, le mauvais emploi des fumiers, faute de soins, de savoir ; car sans frais, avec moins de travail, avec un peu de vigilance et d'attention, on peut *doubler* la quantité, la valeur des engrais, celles des récoltes. Il n'y a jamais de temps, d'argent mieux employés, que ceux qui le sont à s'occuper des soins à donner au fumier ; ces soins doivent passer *avant tout*, être de *tous les instants* ; le bon laboureur commence et finit sa journée par aller voir ses fumiers, rappelle sans cesse à ses garçons de ferme les soins *minutieux* qu'ils doivent leur donner. C'est jeter sa richesse au vent et à l'eau que de déposer les fumiers sans soin dans les cours, exposés au soleil, au vent, à la pluie sans jamais s'en occuper ; que de laisser les urines, cette source de bénédictions, dit Schwerz, le jus de fumier, les eaux grasses se perdre, comme si on avait hâte de s'en débarrasser ; que de ne pas recueillir les ordures, les balayures, vidanges des villes, bourgs, fermes, les déjections humaines, celles que le bétail laisse dans les chemins, les pâtures.

Plus on a de bestiaux, plus ils sont nourris *long-temps* à l'étable, plus on leur donne une nourriture abondante, de bonne qualité, plus ils sont gras, en bonne santé, plus on leur donne beaucoup de bonne litière, plus cette litière est bien aménagée pour se *fouler facilement*, *fortement*, retenir toutes les déjections, plus le tas de fumier est gros, le fumier gras. En nourrissant les bestiaux l'été, nuit et jour, à la pâture, l'hiver à la paille et à l'étable, on fait *quatre* voitures de fumier médiocre par tête de gros bétail ; on en fait *vingt* et davantage et de bien meilleur, par une nourriture copieuse donnée à l'étable ; il y a perte de *seize* voitures de fumier et, par un plus long séjour des bestiaux à l'étable, il y a de quoi *doubler* la production du fumier, augmenter de beaucoup plus du double le produit net de la terre ; rentrez donc vos bestiaux au moins la nuit.

Plus on met sous les bestiaux de litière *courte*, *écrasée*, plus on retient facilement, sans perte, les déjections. Il faut recueillir avec le plus grand soin tout ce qui peut faire litière, une propreté *minutieuse* doit régner sur toute la ferme ; sur aucun point, on ne doit laisser traîner un seul brin de paille, une seule ordure, *tout doit aller au tas de fumier*. Ne brûlez jamais les pailles de sarrasin, de colza ou autres, pour en vendre la cendre, c'est priver la terre d'un élément de fécondité. Les meilleures pailles pour litières se rangent dans l'ordre suivant : celles des céréales étant les moins bonnes ; colza, vesce, sarrasin, fève, lentille, millet, pois, orge, froment, seigle, maïs, avoine. Il faut recueillir avec soin, pour en faire litière ou fumier, les bruyères, ajoncs, genêts, fougères, feuilles d'arbres et d'arbrisseaux, roseaux, mousses, mauvaises herbes, gazons, débris de jardins, ratissures d'allées, de haies, tourbe, sciure de bois, tan, etc. Beaucoup de ces substances, sont même plus riches en azote que les pailles. Il vaut mieux employer toutes les pailles et toutes les autres substances vertes, fraîches, couper celles qui sont trop longues, écraser sous une meule, un tour de pressoir, les roues des charrettes, celles qui sont dures, elles boiront mieux les déjections, se ramolliront plus vite. L'emploi de ces matières comme litière, *économise* la paille, en augmente la quantité pour *fourrage* ; avec celles qui sont trop dures on forme le fond de la litière, on les renouvelle alors moins souvent que les pailles plus molles que l'on met à la surface.

Il faut toujours entretenir sous les bestiaux une litière *courte*, *écrasée*, épaisse de *3 à 4 décimètres*, la remuer le moins possible ; cependant ne pas laisser les excréments réunis en masse, et pendant qu'ils sont *frais* on les isole, les divise par des couches de litière. Quand on sort le fumier de l'étable, la paille ne doit pas être blanche, propre, sèche, non écrasée ; elle doit être bien *également humide* de déjections, avoir déjà été partout fortement foulée, aplatie par les animaux. En changeant la litière tous les jours, les bestiaux n'en sont pas mieux, le fumier est beaucoup moins bon. On dépose le fumier sur un terrain voisin des étables, le plus possible éloigné des habitations des hommes, placé à l'ombre, au nord d'arbres, de maisons, et mieux sous un hangar, dans les pays pluvieux ; mais toujours de manière à ne pas recevoir les *égouts des toits*. Que le terrain de dépôt soit au niveau du sol ou plus ou moins creusé en fosse ; il doit toujours être disposé, de manière à ne *pas boire* le jus de fumier ou *purin*, à le retenir, à l'empêcher de se mêler aux eaux pluviales courantes et d'être entraîné par elles. On entoure le terrain de dépôt, sur trois ou quatre côtés, d'un petit mur très-peu élevé au-dessus du sol, ou plus simplement d'une petite rigole, à la partie extérieure de laquelle on fait, en gravier mêlé d'argile, un revers ou petite levée finissant en pente douce, pour ne pas gêner l'approche des charrettes. La rigole conduit le purin dans une fosse creusée à un des coins du fumier et que l'on rend, au besoin, étanchée, ainsi que les rigoles et le terrain de dépôt en les pavant, en les garnissant de terre glaise corroyée.

Lorsque le fumier est sur un terrain très-voisin de bâtiments, il existe souvent près d'eux une levée, un trottoir, sur lesquels tombent les égouts des toits, qui se rendent au fumier, le lavent, le dégraissent. La pente de ces levées est toujours du côté du fumier, il faut la mettre vers les bâtiments et creuser sur cette levée un ruisseau très-peu profond, qui conduise les eaux pluviales loin du fumier ; l'on ne doit même pas craindre de diminuer l'étendue du terrain de dépôt, en faisant le ruisseau au-dessous du trottoir, à l'extérieur de la rigole à purin et de son revers, on regagnera, en élevant d'avantage le tas de fumier, ce que l'on perdra en étendue. On peut encore se débarrasser des eaux, en plaçant aux toits des goutières assez économiques, faites avec deux planches de bois blanc formant un V, attachées avec des crochets en bois ou en fer, et peintes avec du goudron chaud, ou du coltar (1). Peu importe le moyen

(1) Avec des planches de *bois blanc* peintes des deux côtés au goudron chaud, on fait des constructions rurales économiques, qui durent long-temps.

que vous emploierez, mais faites tous vos efforts pour que
les eaux pluviales courantes n'arrivent pas à vos fumiers ;
à *tout prix*, faites en de plus grands encore pour que ces
eaux ne sortent pas de vos fumiers ; car, avec elles, toute
votre richesse s'en va ; chaque jour de grande pluie, vous
perdez autant de pièces de 5 fr. que de 50 litres de purin.

Pour déposer le fumier, on le secoue avec des fourches,
on l'étend par couches bien unies, de manière qu'il ne
soit jamais roulé ; on élève les faces du tas droites comme
celles d'un mur, jusqu'à au moins deux mètres de hauteur ;
le fumier présentant moins de surface exposée à l'air, au
vent, au soleil, à la pluie, perd moins de sa force, de son
volume, de son poids. Il en perd encore moins quand le
terrain de dépôt est une fosse profonde ; 1,000 kilog. de
fumier frais furent déposés dans une fosse à purin vide, on
le tassa bien, la fosse fut recouverte ; un fumier du même
poids, de même qualité fut fait dehors en tas régulier, fortement tassé ; trois mois après on les pesa, celui de la fosse
n'avait rien perdu, l'autre avait diminué de moitié. La fosse
à fumier, doit être, si on le peut, disposée de telle sorte,
que les bestiaux, en passant et repassant par dessus le fumier, le tassent, le brisent ; que la fosse à purin soit le plus
possible au milieu des fumiers ; que les voitures puissent
facilement y aborder. Pour que l'ancien fumier ne soit pas
toujours enfoui sous le nouveau, pour diminuer encore sa
surface, on ne forme d'abord le tas que sur la moindre
étendue de terrain, un demi-mètre, un mètre carré ou plus,
telle enfin que l'on puisse élever le fumier le plus promptement à deux mètres ; on continue ainsi pour chaque nouveau tas. Par cet aménagement il est facile de donner au
fumier les soins convenables, qui varient suivant l'âge de
chaque tas, et on peut prendre à volonté du fumier
plus ou moins vieux.

Pour que les déjections et autres matières animales s'al-
tèrent, se décomposent, il faut qu'elles soient en contact
avec l'air, une humidité, une chaleur convenables. Lors-

qu'il y a une certaine quantité de fumier réunie à l'étable ou au dehors, il s'échauffe, des vapeurs de nature diverse, d'une odeur piquante, désagréable, paraissent dans l'air, s'y *perdent*. Ces vapeurs sont surtout de l'eau et la substance la plus précieuse des fumiers, un *sel d'ammoniaque*, qui contient presque tout *l'azote* des fumiers (azote dont 1 kilog. donne 33 kilog. de blé.) Ce sel, blanc comme du sel de cuisine, se forme par la décomposition des déjections, il fond très-facilement dans l'eau, s'en va dans l'air en vapeurs piquantes en même temps que l'eau, par une chaleur très-faible, la chaleur de la main (28 degrés). Pour que la litière devienne un bon fumier, il faut que les déjections en se décomposant agissent sur elle comme un ferment, l'attaquent, la ramollissent, pour qu'elle puisse se briser, se diviser, se répandre facilement dans la terre, être propre à faire du terreau (humus) un des agents actifs et puissants de la nourriture des plantes.

D'un autre côté, pour fabriquer de bon fumier, il faut empêcher le *sel d'ammoniaque* de se former, ou au moins de sortir du fumier soit en vapeurs, soit mêlé au *purin*, que pour cela les cultivateurs appellent avec raison le *salin*.

Pour arriver à ces résultats, il faut que la litière se ramollisse peu à peu sans fermenter, *sans fumer, sans s'échauffer sensiblement*, pas au-dessus de la moitié de la chaleur de la main (12 à 15 degrés), qu'elle se ramollisse par une simple macération dans l'eau froide. Mais quelques soins que l'on prenne, la fermentation se déclare toujours sur plusieurs points, on doit l'arrêter le plus possible. Pour cela, il faut que les déjections ne soient pas réunies en masse, qu'elles soient divisées, isolées par la litière, mises à peu près à l'abri de l'air, ce que l'on obtient en ayant les litières les plus *courtes, les plus divisées, les plus écrasées*, qui permettent de fouler le fumier très-régulièrement, très-fortement, en le maintenant toujours bien *également humide*, sans excès d'eau, ce qui arrête, entrave à leur passage l'air et le sel volatil d'ammoniaque, empêchant l'air de pénétrer, le sel de sortir, alors le sel ne se forme pas, ou se forme lentement, la chaleur qui se développe est trop faible pour le chasser du fumier, qui devient de première qualité.

Quand le tas de fumier présente trop de surface, qu'il n'est pas assez élevé, qu'il a été irrégulièrement étendu, qu'il n'a pas été assez tassé, il est plus facilement pénétré par la pluie et l'air, plus desséché par le vent et la chaleur il perd beaucoup de ses principes fertilisants. Plus il a de surface, plus il est lavé par la pluie, qui dissout et entraîne le sel d'ammoniaque. Trop plein d'eau, la litière ne se ramollit pas assez ; trop peu humide, inégalement tassé il reste des vides dans le tas, il s'échauffe trop, prend le blanc de fumier, espèce de champignon qui vit à ses dépens et altère sa qualité. Si le tas est trop élevé et peu humide, le fumier au lieu de se ramollir par macération, par fermentation sourde, s'échauffe très-sensiblement, fermente, perd diverses substances fertilisantes ; il peut même s'échauffer beaucoup, entrer en pourriture, perdre encore plus de sa qualité par l'évaporation de nombreuses parties actives. Il faut toujours veiller à ce que le fumier soit convenablement humide, surtout dans les temps très-chauds et quand les déjections de cheval ou de mouton y dominent, ces déjections étant plus sèches que les autres. On examine de temps en temps l'état intérieur des tas de fumier ; ceux qui manquent d'humidité s'échauffent trop ; au-dessus de 12 à 15 degrés ils fument ; aussitôt qu'ils *fument* et *mieux avant*, on les arrose de purin que l'on puise dans la fosse avec une pompe en bois, ou des seaux fixés au bout d'une perche, et cela jusqu'à ce qu'ils ne *fument plus*, que la chaleur intérieure soit revenue à 12 ou 15 degrés. On fait pénétrer le purin dans toutes les parties du fumier en formant, avec des pieux, des trous où on le verse, rien ne peut le remplacer ; mais à défaut, il vaut mieux arroser avec de l'eau et surtout de l'eau corrompue saline.

Le fumier doit être le moins possible remué, exposé à l'air, surtout quand il est nouveau, qu'il est chaud, qu'il se décompose ; il faut en éloigner avec soin les porcs, les volailles qui le fouillent, l'éparpillent, et à mesure que la préparation des fumiers est terminée dans les tas, suivant leur âge, qu'on n'a plus à s'en occuper que pour les employer, on leur donne à la partie supérieure la forme d'un toit, pour faciliter l'écoulement des eaux pluviales, puis on les recouvre avec des branches de feuillages, des bruyères, ajoncs, pailles, mottes de gazon, de la tourbe, des terres quelconque, que l'on assujettit avec des bois, des pierres.

Ainsi, en ne changeant pour ainsi dire rien aux habitudes les plus répandues, en prenant les seules précautions indiquées, qui n'entraînent aucune dépense, qui ne demandent qu'un peu de soin et d'attention, on fait un fumier *deux*, *trois*, *quatre* fois plus riche que celui qu'on emploie généralement ; on *double*, on *triple* les produits de toute nature.

Mais on peut faire mieux, en s'occupant de la préparation des fumiers au moment où les déjections viennent d'être rendues à l'étable, dans la pâture, les latrines, avant qu'elles aient eu le temps de se décomposer, de s'échauffer ; en ce moment elles contiennent seulement les matières qui formeront le sel d'ammoniaque, aussitôt qu'elles s'échaufferont, ce qu'elles font en 24 heures quand, n'étant pas très-humides, elles sont en contact avec l'air et des déjections déjà pourries. Alors la chaleur chasse le sel du fumier, ce qui est très-nuisible à sa richesse, à la santé des bestiaux, en corrompant l'air qu'ils respirent dans les étables. Pour éviter ces inconvénients, au lieu d'avoir des étables dont le sol boit les urines, dont le sol en pente vers la porte les conduit derrière les bestiaux ou hors l'étable, où elles sont le plus souvent perdues ou recueillies à part, ou a des étables dont le sol est sans aucune pente et ne boit pas les urines. Pour qu'elles ne puissent se perdre ; le sol de l'étable est creusé à 20 et même à 50 centimètres et plus, ou seulement l'espace occupé par chaque animal. Les animaux sont placés dans un grand encadrement, ou dans de petites fosses, et quand ces fosses sont fermées de tous côtés, ils y sont en liberté, pouvant s'y retourner en tous sens et fouler plus également la litière.

Alors rien ne se perd des urines, qui se répandent toujours également dans la litière, que l'on ajoute chaque jour dans la fosse par dessus l'ancienne et même par intervalles dans la journée, aussi souvent que cela est nécessaire pour que l'animal soit à sec. Les couches de déjections et de litière ainsi ajoutées successivement, la litière monte à mesure, le râtelier et la mangeoire doivent être rendus mobiles et monter en même temps. La paille longue, non brisée, telle qu'on l'emploie, ne boit pas les urines, ne se foule pas facilement, elle introduit dans les déjections une grande quantité d'air, qui y produit l'effet du *loup dans la bergerie*, en active la fermentation, la perte des parties volatiles fertilisantes. Avec la litière pailleuse aussi courte, aussi écrasée que possible, on évite en partie ces inconvénients ; on la coupe avec le hache-paille ou autrement, à la longueur de 20 centimètres, on l'emploie seule, ou ce qui vaut *mieux*, mêlée avec une plus ou moins grande quantité d'une ou de plusieurs des matières suivantes, conservatrices, absorbantes, poreuses, selon qu'on peut se les procurer plus facilement et à plus bas prix. Ces matières sont : les cendres de foyer, de tourbe, de houille, de lessive ou charrée ; le frasil ou résidu laissé sur les places à fourneaux de charbon ; la petite braise de fours à chaux, à tuiles, de boulanger ; le poussier de forge, de charbon de bois ; la suie, le plâtre cru ou cuit (sulfate de chaux); la couperose verte (sulfate de fer) ; le sel de Glauber (sulfate de soude), l'acide sulfurique, étendu d'eau ; la terre végétale, le terreau neuf ou épuisé, vieux ; le sable pur, l'argile sableuse, l'argile écobuée ou légèrement brûlée ; la chaux

hydratée (1) ; le sable calcaire ou tangue , la marne ou argile calcaire (2) ; les terres venant des curages des cours
d'eau , mares , fossés ; la tourbe , le tan , la sciure de bois,
la balle d'avoine , les poussières des greniers à foin , etc.
On écrase , on pulvérise ces matières sous la meule d'un
pressoir ou de toute autre manière , plus elles sont *sèches
et en poudre fine*, plus elles produisent un bon effet. De
toutes ces substances, les plus puissantes sont la poudre
de charbon de bois ou de tourbe , mêlée au sulfate de fer.
Le plâtre a à peu près la même puissance; mêlé aux fumiers,
il répand souvent une odeur désagréable, mais il est à plus
bas prix, on se le procure plus facilement , on peut en
mettre trop sans inconvénient , 5 à 6 kilog. de plâtre cru ,
4 à 5 kilog. de plâtre cuit suffisent pour 100 kilog. de fumier. D'après M. Nivière, pour tenir à sec un bœuf de
500 kilog. , il faut, par jour, 3 kilog. de paille coupée ,
4 kilog. 50 de cendre de houille, 2 kilog. 50 de cendre
lessivée, 0 kilog. 25 de plâtre. Les sulfates de fer, de soude
peuvent être mêlés aux fumiers , fondus dans l'eau et en
même quantité que le plâtre. Quand on mêle des sulfates ,
de l'acide sulfurique aux fumiers , on pense qu'il est bon
que la terre qui reçoit ces fumiers soit *chaulée*. Toutes les
matières indiquées page 13, peuvent également être employées avec les litières longues, ordinaires , dans les étables ou dans les cours, elles améliorent toujours les fumiers,
en arrêtant leur fermentation et la perte des matières fertilisantes. L'argile légèrement brûlée est aussi un des meilleurs excipients des déjections.

Le surcroît de travail qu'occasionne le *hachage* de la

(1) Chaux vive réduite en poudre en l'arrosant légèrement d'eau ;
son emploi n'est utile que sur les déjections *toutes fraiches*, non
échauffées , en la mettant dans les parties inférieures de la litière où
se rendent les urines et qui ne touchent pas aux bestiaux; mise dans les
fumiers échauffés, en décomposition ou décomposés, elle est nuisi-
ble , elle en chasse l'azote.

(2) Les sables et terres calcaires , mis dans certaines circonstances
dans les fumiers échauffés , occasionnent aussi une perte d'azote.

paille est bien compensé par l'économie faite sur la paille, qui devient du fourrage, et par la facilité d'enlèvement, de chargement, d'épandage des fumiers. Avec cette litière courte, écrasée, les déjections sont plus vites, plus complètement bues ; la litière se tasse plus régulièrement, plus fortement, elle se maintient plus convenablement humide, les déjections mises de suite à l'abri de l'air ne fermentent pas, ou fermentent à peine, sans chaleur, surtout quand on y mêle une des matières en poudre indiquées page 13. On obtient un fumier de première qualité, gras, humide, bien également fait dans toutes ses parties, sans odeur ou à peine odorant, qui peut rester plusieurs mois sous les bestiaux sans inconvénient ; on l'enlève tous les 15 à 30 jours ou plus ; on peut le porter de suite aux champs, l'employer sans aucune perte de ses parties utiles, sans le mettre en tas dans les cours, ce qui fait disparaître une cause de malpropreté et d'*insalubrité*. Par ce procédé on augmente la quantité, la qualité des fumiers. Les animaux ne respirent plus un air infecté, ils n'en sont pas moins propres et en bon état.

Quand on manque de paille ou d'autres litières, que l'on veut faire manger *toutes* ses pailles, ce qui est toujours le *mieux*, on forme la litière en entier avec des terres, des tourbes sèches pulvérisées, de l'argile calcinée ; si on ne jette pas de litière pailleuse sur cette terre litière, elle ne contient que les débris des fourrages consommés, ce qui peut souvent suffire. On empêche cette litière terreuse de passer à l'état pâteux, par des additions et des renouvellements fréquents de terre sèche. Ce fumier offre les mêmes avantages et qualités que le précédent ; un fumier ainsi préparé avait après sept ans la même force que la première année. On peut donc, sans craindre qu'il perde de sa force, choisir le moment le plus favorable pour l'employer. Pour avoir des terres sèches, à défaut de hangars où les déposer, on en fait auprès des étables des tas en forme de fourneaux à faire du charbon de bois, on en aplatit bien la surface, que l'on recouvre de paille , on pratique autour une rigole qui reçoit les eaux pluviales , leur procure l'écoulement. En appropriant la terre litière à la nature du sol auquel on destine le fumier (une terre sablonneuse ou calcaire pour un sol argileux ; de l'argile écobuée ou non pour une terre sablonneuse ou calcaire) on met deux choses à la fois dans le sol , l'amendement et l'engrais. Il n'est pas nécessaire de choisir de bonnes terres , mais quand on peut y mêler une certaine quantité des matières indiquées page 13, cela vaut toujours mieux. Il faut à peine plus de charrois pour transporter cet engrais terreux de l'étable aux champs , que pour le fumier pailleux.

On se sert aussi de terre pour faire des composts. Quand le fumier est fait, qu'on ne peut l'employer de suite , qu'on n'a pas où mettre le nouveau fumier , on transporte l'ancien dans une cour ou dans le champ auquel on le destine, on y creuse une place à un ou deux fers de bêche, on met au fond 2 à 3 décimètres de terre , la plus sèche possible , prise à la surface du champ , ou du terreau sec qu'on y apporte ; on dépose le fumier dessus , on l'entoure d'un revers de terre le plus élevé possible , on le recouvre d'une couche de terre ; il se trouve comme enfoui , ce qui empêche sa décomposition, son dessèchement, la perte du purin, des matières volatiles. En Angleterre , où le fumier est peu pailleux, on le dispose en outre par couches successives de 2 à 3 décimètres de terre et de fumier , en terminant par une couche de terre. Si on veut l'avoir plus ou moins court , après qu'il a été ainsi mêlé à la terre , qu'il est bien froid , on le retourne plusieurs fois , mais en opérant le plus promptement possible , le fumier *perdant toujours à être remué.*

Lorsque l'on fait des composts avec du fumier et toutes autres matières végétales dont on veut hâter la décomposition (marc de pommes), on emploie ces matières coupées , écrasées , fraîches , on met une couche de terre, une de plantes , une de fumier frais ou à demi consommé , et ainsi de suite , chaque couche de 2 à 3 décimètres , on termine par une couche de terre. Ces composts s'échauffent très-lentement, très-peu, ne fument presque jamais ; ils sont bons à employer au bout d'un à deux mois, ils ont une action très- puissante. Souvent il ne sort pas de purin du tas; si la décomposition paraît trop lente, c'est que le compost est trop sec , on l'arrose avec de l'urine mêlée de matières fécales , ou de l'eau corrompue saline.

Pour les composts sans fumier, préparés avec toute espèce de débris d'animaux , de plantes , (marc de pommes) on fait des tas de ces débris frais , humides , coupés , écrasés ; quand ils sont échauffés , on les met en couches avec des terres , après les avoir arrosés d'acide sulfurique et hydrochlorique de chaque 1 kilog mêlé à 6,000 litres d'eau pour 2 à 300 kilog. de débris, ou avec des eaux chargées de substances salines, urines, purin, eaux grasses, de savon , de lessive , de routoirs de lin , chanvre, de marcs corrompues, ou avec de l'eau *corrompue saline* que l'on prépare en y jetant des déjections de bestiaux , oiseaux , homme , ou guano , chaux vive, cendres , suie , sel , plâtre , etc. Cette eau se corrompt en quinze jours à un mois et forme un ferment. Ces composts sont à peu près l'engrais Jauffret.

On utilise aussi le marc de pommes et toutes les mauvaises herbes, en faisant des couches de 1 hectolitre 1/2 de terre , 1 hectolitre de marc , 1 hectolitre de chaux vive en petits morceaux ; on mêle et on recoupe le tout de temps en temps. La chaux vive convient beaucoup pour activer la décomposition de ces matières , mais il ne faut jamais la mêler aux fumiers faits , elle en chasserait les parties les plus puissantes. Elle ne doit être mêlée aux fumiers qu'avant leur fermentation, alors elle les conserve , ou lorsqu'on les enterre dans les champs qui vont être ensemencés, elle y est alors très-utile, en activant la décomposition du fumier. Elle n'est donc pas plus un engrais que la tangue, la marne, le plâtre, les cendres, le sel ; loin de là, elle maigrit la terre, si on ne continue pas à bien fumer les terres chaulées, *elle enrichit les pères et appauvrit les enfants.* Dans les terres qui ne contiennent pas de chaux ou de calcaire, on met généralement plus de chaux et de marne qu'il n'en faut pour chaque récolte ; en moyenne 64 kilog. de chaux par an et par hectare suffisent.

Le plâtre (sulfate de chaux) agit par son soufre ; il est surtout utile dans les terrains qui ne contiennent pas de sulfates ou de soufre, substance qui convient à la plupart des légumineuses (pois, trèfle, etc,), aux choux, colza, lin, sarrasin, maïs, et qui n'a pas d'action sur les céréales, les graminées (herbes des prés). Il agit aussi en se convertissant dans les terres humides en *sel d'ammoniaque* (sulfate) ; 2 à 300 kilog. de plâtre pulvérisé, cru ou cuit, par hectare, enterré dans le sol, ou répandu sur les plantes en végétation augmentent notablement le produit des plantes qui recherchent le plâtre, et dans certains cas, du double, du triple pour la luzerne, le trèfle, le sainfoin.

Il vaut beaucoup mieux employer la paille et autres débris des plantes suivant les différentes manières indiquées, mêlés à des substances qui les attaquent, détruisent les mauvaises graines, que de les mettre secs ou verts à tremper dans les cours et les chemins, seuls ou mêlés à de la terre ; ils y pourrissent difficilement faute de chaleur, de ferment, ils y sont lavés par les pluies et perdent tous les sels ou parties solubles et actives qu'ils contiennent.

Il y a dans toutes les fermes des terreaux qu'on n'utilise pas. Les terres qui sont au pied des murs, des haies, celles des terrains de dépôts de bois ; le sous-sol des étables (il est parfois plein de sels jusqu'à 1 et 2 mètres), dans les herbages, les places où les bestiaux se retirent souvent et où ils fientent beaucoup. On devrait enlever ces terres de temps en temps et les remplacer par des terres neuves, qui bientôt seraient de nouveau converties en terreau.

On perd beaucoup de la valeur des déjections que les bestiaux rendent dans les terrains où ils pâturent. Là où ils ont rendu leurs fientes l'herbe est détruite, elle ne renaît qu'après un temps assez long, et les bestiaux ne la mangent pas de suite. Il faut étendre promptement ces fientes sur le terrain ou les enterrer. Il vaut encore mieux creuser dans les champs, sur le bord des chemins, des fosses étanchées, y réunir les fientes toutes fraîches, ainsi que celles recueillies dans les chemins, les mêler à des terres sèches, en faire des composts, que l'on étend en temps convenable.

Ces différentes manières d'employer les terres sont bien préférables à l'usage d'apporter et d'étendre, sur toute la surface des cours ou des chemins, des terres, des tangues toujours *humides*, sur lesquelles on jette sans soin des fumiers, des pailles, qui sont lavés par les eaux pluviales courantes. Par là, loin de diminuer la perte du purin, on *l'augmente*, ces terres humides sont des éponges pleines d'eau, qui ne peuvent plus boire le purin et comme elles font le plein dans les cours, les eaux pluviales en coulant sur ces terres, entraînent plus facilement le purin. Souvent ces terres ne changent même pas de couleur et il arrive parfois qu'on les reporte dans les champs *plus maigres* qu'elles n'en sont sorties. Cette *désastreuse* méthode, en usage dans le département de la Manche, est probablement une pratique anciennement bonne, mais dégénérée, comme tend à le prouver le nom anglais *compost* qu'on lui donne.

Après l'engrais des animaux, le plus précieux est celui des déjections de l'homme ; si on n'en perdait rien elles suffiraient pour produire au moins le quart des grains nécessaires à la France ; mais sur 100 parties on en perd au moins 80. Un normand, M. Bodin, fait jeter tous les jours, dans une fosse *betonnée*, *bien close*, les déjections de *cinq* personnes ; de temps en temps, il y fait mêler de la poudre de charbon de bois ; au bout de *l'an*, il y a de quoi *fumer richement 2 hectares, ou 40 ares par personne*. Introduisez l'habitude des fosses de latrines bien étanchées, bien closes, celle des urinoirs mobiles, petits baquets placés dans les cours pour recevoir les urines des hommes ; on les porte avec le contenu des vases de nuit dans la fosse, où on jette de temps en temps des matières absorbantes indiquées page 13. Monseigneur Daniel, évêque de Coutances, étant recteur de l'Académie de Caen, employait pour désinfecter les latrines du collége, de la tourbe sèche, en poudre, que les cultivateurs apportaient et remportaient gratuitement pour fumer leurs terres. Une poudre composée de 12 parties de poussier de charbon de bois, une de plâtre, une de couperose verte, ou deux de plâtre et dont on jette dans la fosse 15 grammes, (une demi-once) par jour et par personne, ce qui coûte un demi-centime par personne, rend les matières *inodores*, y *conserve* toutes les parties *actives*. Dans le nord de la France on fait un grand usage de *l'engrais flamand*, mélange de six parties d'eau, de déjections humaines qui ont fermenté, et d'eaux ménagères, on met le tout dans des citernes voûtées, ou fosses fermées, enfouies en terres, fraîches, où la fermentation s'arrête, l'air n'y pénètre et les vapeurs ne s'en échappent que par des ouvertures très-petites. Pour faire ces citernes, on applique sur le fond et les côtés de la fosse une couche d'argile bien corroyée, de 12 à 15 centimètres, une maçonnerie d'une demi-brique sur les côtés, une brique à plat dans le fond. Les déjections humaines desséchées s'emploient aussi en poudre, sous le nom de *poudrette*.

Dans plusieurs fermes anglaises, les fumiers d'étables se composent seulement des déjections des animaux ; ceux-ci couchent sans litière, sur un plancher à claire-voie ou percé de trous, les déjections tombent dans une fosse où on jette un peu de terre sèche, du plâtre ou autres absorbants indiqués page 13, pour empêcher la fermentation, le dégagement du sel ammoniaque. On emploie ces déjections sèches, en poudre, ou en boue, ou liquides, on les mêle à 7 ou 9 fois leur volume d'eau pour s'en servir ou les mettre en réserve dans la citerne. A défaut de plancher percé on précipite à grande eau dans la citerne les déjections, à mesure qu'elles sont rendues.

On recueille aussi les urines des bestiaux à part dans une fosse étanchée, une barrique, situées en dehors de l'étable; on les emploie aussi séparément, ainsi que celles de l'hommes et le purin ; fraîches elles sont trop fortes, on les étend de 4 fois leur volume d'eau ; vieilles, elles ont fermenté et perdu beaucoup de leur force ; on les empêche de fermenter, on y met, lorsqu'elles sont fraîches, par hectol. 43 gram. au moins d'acide sulfurique, ou 60 gram. au moins de plâtre ou de couperose verte, ou de sulfate de soude. Les mêmes matières peuvent être mêlées avec avantage au purin, pour arroser les fumiers ou les récoltes ; on devrait même toujours le faire, car le purin mis en contact avec l'air, par l'arrosage, s'altère et perd de ses principes fertilisants.

EMPLOI DU FUMIER. Se procurer des engrais ayant le *plus de force* sous le *plus petit volume* ; étant dans le *plus grand état de division* ; pouvant être employés à volonté en *poudre* ou *liquides*, et placés le plus à la *portée* des plantes qui les *utilisent en entier*, tel est le but auquel on tend ; il y a là toute une révolution agricole, car si on ne dispose que du *tiers* des engrais produits, de plus on perd les *trois quarts* de l'azote de ceux employés. Voici sur 100 parties la quantité en azote et acide phosphorique pour quelques engrais.

	Az.	Ac. phos.		Az.	Ac. phos.
Guano	14	10	Engrais Flamand	2,85	»
Poudre de poisson	12	14	Poudrette	1,40	»
Poudre d'os	5,5	20	Noir de raffinerie	1,00	14
Tourteaux	5,5	6	Marc de pommes	0,50	»
Charrée	5,6	5	Purin	0,55	»
Sang desséché	4,5	»	Fumier	0,40	0,20

La culture n'étant que du jardinage en grand, on doit chercher à s'y rapprocher des procédés des jardiniers. Les plantes ne pouvant prendre leur nourriture dans l'air et dans la terre, par les feuilles et les racines, qu'autant qu'elle y est très-divisée, dissoute dans un liquide, ou suspendue dans l'air ; il faudrait pour mettre les engrais le plus à la portée des racines , n'en employer que de liquides ou en poudres , ne donner ces engrais que par petites parties , mais plusieurs fois , au moment où les plantes en ont le [plus besoin , où elles peuvent le mieux les utiliser. Ainsi, pour les blés, au moment où ils germent ; après l'hiver, lorsque la végétation reprend sa vigueur ; puis lors de la floraison , de la formation du grain.

Les engrais liquides , que l'on répand sur les récoltes avec des barriques disposées en arrosoirs, offrent aux plantes des matières dissoutes dans l'eau , qu'elles utilisent de suite , presque sans aucune perte. Les engrais solides, en partie insolubles , ne deviennent solubles qu'à mesure qu'ils se décomposent dans la terre, et cette décomposition est irrégulière , elle s'arrête s'il fait sec ou froid, elle marche s'il fait humide ou chaud ; elle peut marcher , en pure perte , au moment où les plantes n'ont pas besoin d'engrais , s'arrêter quand il leur faudrait une nourriture abondante. Les plantes n'utilisent pas tous les engrais solides répandus sur le sol; une partie reste dans la terre, une autre *très-considérable se perd* dans l'air , surtout si on remue souvent la terre. On applique les engrais liquides à toutes les époques de l'année , à tous les moments où les plantes en ont le plus besoin ; la terre ne doit pas être trop sèche , elle boirait l'engrais, l'empêcherait d'arriver aux racines. Leur usage exige des dépenses pour l'entretien des réservoirs, l'appropriation des étables , le matériel des transports , les transports huit à dix fois plus considérables , la difficulté des transports sur des terres humides et en pleine végétation. Les Anglais ont remédié à ces inconvénients , par un matériel de transports exigeant beaucoup d'avances de fonds ; avec une machine à vapeur et des tuyaux de fonte ils conduisent les engrais liquides sur le point le plus élevé de la ferme, d'où ils sont envoyés à chaque champ et répandus en pluie sur les récoltes. Les frais de transports sont six fois aussi coûteux que pour les engrais solides. Malgré tous ces inconvénients des engrais liquides, ou trouve encore avantage à les employer ; à quantité égale, ils donnent *au moins deux fois plus* de produits que les engrais solides.

Quand on emploie les engrais solides, il faut les appliquer avec le *moins de perte possible*, en les consacrant aux plantes qui n'exigent pas que la terre soit remuée, qui laissent le sol gazonné (prés naturels et artificiels) ; ou en les appliquant aux céréales, légumineuses, racines et alors en ne les dispersant pas surtout le champ, mais en les plaçant à la portée des racines des plantes. Ces engrais répandus uniformément agissent *également partout* au profit des *mauvaises* plantes comme des bonnes, c'est par hasard s'ils vont aux bonnes ; pour éviter cela, on sème, on plante en *paquets*, en *touffes* comme les jardiniers ; chaque touffe est *entourée* par l'engrais et peut toujours être cultivée au pied. Dans les cultures en lignes ou peut aussi placer le fumier dans le sillon, mettre les semences, les plantes sur le fumier, cela est moins facile et les produits sont bien supérieurs dans la plantation en touffes, qui, même appliquée aux blés, a donné des résultats très-remarquables. Avec divers instruments pour former les paquets, distribuer les engrais en poudre, cette pratique s'étend à la grande culture. On a obtenu, à raison de l'hectare : blé, 50 hect. ; colza, 34 ; bettes, 84,700 kil. ; bettes sur couches, fin janvier, repiquées en avril, 100 à 150,000 kilog. ; navets de juin 87,500 kil. ; d'août, 59,000 kil. Le procédé de repiquage et de semis du blé et d'autres plantes en touffes est très-pratiquable par la petite culture, presque sans instruments. On tire à la profondeur voulue pour les semences, des raies croisées, écartées en tous sens de 20 à 25 centimètres ; ou on fait, aux mêmes distances, des trous avec un plantoir qui en fait plusieurs à la fois ; les semeurs se mettent entre deux lignes et des deux mains à la fois, à chaque entre-croisement des lignes ou à chaque trou, ils placent les graines ou les plans, puis l'engrais en poudre ; ils prennent le tout dans un tablier à deux poches tenues ouvertes par un cercle : ou deux semeurs se suivent, l'un met le grain, l'autre l'engrais, le tout est recouvert avec les pieds en abattant la crête de la raie ou la terre dans le trou ; à la fin on donne un coup de herse. On met à chaque fois 3 à 6 grains ou un plan de blé, on entretient toujours la terre propre entre les touffes. On économise la *moitié*, *les quatre cinquièmes* de la semence, la *moitié* de l'engrais ; on obtient un *quart* en plus, le *double* de récolte ; plus de produits avec moins de dépenses sur le même espace.

On emploie le fumier dans trois états, le vieux, court, gras, très-consommé, à l'état de *beurre noir*, que l'on croit le meilleur est *le moins bon*. Il agit de suite, son action a peu de durée ; il peut avoir perdu un *quart*, la *moitié* de son poids et de son volume ; un tiers de ses principes solubles, deux tiers de son azote ; la *moitié*, les *trois-quarts* de ses facultés fertilisantes ; toute faculté de fermenter dans la terre, de l'échauffer ; il convient aux terres fortes, argileuses, aux plantes qui ne doivent durer que 3 à 4 mois.

Le fumier frais, long, pailleux, non consommé, tel qu'il sort de l'étable après y avoir peu séjourné, à peine humide de déjections, non écrasé, n'a pas fermenté, n'a rien perdu de ses principes fertilisants ; mais il contient un cinquième et plus de parties insolubles, pailleuses, qui ne pourrissent qu'en grandes masses. Mis en terre aussi frais, il ne produit pas beaucoup de chaleur, arrive lentement à l'état de ramollissement qui convient à la nourriture des plantes, a une action plus durable, mais moins vive. Il convient aux terres légères, calcaires, sablonneuses, aux plantes qui restent long-temps en terre.

Le fumier normal, a demi-consommé, entre le vieux et le frais, est le *meilleur*, il convient à toutes les terres, à toutes les plantes ; c'est celui qui, par une décomposition lente, prend un aspect gras, est semblable dans toutes ses parties, dont le brin de paille encore visible est rouge-brun, ramolli, aplati, se brise facilement, après un séjour de 15 à 20 jours à l'étable , ou d'un mois à six semaines , en tas ; dont le mètre cube ou charretée à un cheval pèse 730 à 760 kilog. Ce fumier produit des effets plus sensibles , très-souvent plus beaux et plus durables, mais plus sur les sols consistants que sur les sols légers ; les plantes y trouvent d'abord , dans ses parties molles et humides , assez de nourriture pour la première année, les parties les plus dures, se décomposant lentement, se trouvent préparées pour la seconde et même la troisième année. Il agit ainsi sur une suite de récoltes, réchauffe la terre , ranime la fermentation du vieux terreau.

L'aménagement des fumiers en tas de différents âges, permet de les séparer par nature d'animaux, de nourriture, de litière, de les *approprier* à chaque sol suivant sa nature et à chaque plante, qui reçoit alors pour engrais, en déjections et litières, ses propres débris. On doit fumer moins à la fois, mais plus souvent les terres légères , calcaires, sablonneuses, filtrantes, qui se laissant facilement pénétrer par l'air, activent la décomposition du fumier plus vite que les plantes ne peuvent l'utiliser. Le fumier le plus froid de porcs , de bêtes bovines, le moins facile à décomposer leur convient mieux. Mais on fume beaucoup et plus rarement les sols compacts, argileux qu ne laissent pas circuler l'air, où le fumier se consomme moins vite : le fumier le plus chaud, de mouton, de cheval, celui qui se décompose le plus facilement, le fumier très-consommé, les engrais liquides, ceux qui sont en état de servir de suite à la nourriture des plantes conviennent mieux à ces terres.

Les praticiens reconnaissent qu'il faut, quand on le peut, conduire aux champs le fumier avant toute fermentation, ou quand elle commence, pour l'employer de suite ; c'est le moyen d'en tirer le plus grand parti. Ne le laissez pas en petits tas dans les champs, il y perd de sa valeur ; sans tarder plus d'un jour enterrez-le. Tout doit être sacrifié à cette importante opération. On doit l'enfouir *profondément* dès le premier labour, l'enfouir au dernier est absolument mauvais. Il faut laisser entre les deux premiers labours assez de temps pour que le fumier soit décomposé un peu dans le sol, ce qui assure son incorporation à la terre par le troisième labour. Enterré au premier labour, il favorise la végétation des mauvaises herbes, mais les labours suivants les détruisent. Pour opérer cet enfouissement, on prend le fumier avec la fourche aux petits tas et on le place au fond des sillons à mesure que la charrue les ouvre.

On emploie aussi le fumier *en couverture*, par dessus le sol, au moment des semailles ; au *printemps* sur les prés naturels et artificiels, les céréales non fumées au moment des semailles. Le sol doit être *bien ressuyé* et *même sec*, le plus possible sans pente, pour que les pluies n'entraînent pas le *purin*. La théorie blâme cette pratique très-usitée en Angleterre, mais, dit Dombasle, l'expérience lui est si favorable qu'il faut fumer ainsi quand on le peut. Dans les pays humides, (Bretagne, Normandie), son succès est bien plus assuré que dans le midi ; c'est un puissant moyen de rétablir une récolte qui a souffert l'hiver, ou a été trop peu fumée. ; on en obtient les effets les plus énergiques sur le blé, surtout dans les sols légers, en le fumant après l'hiver, en mars, même en avril, ou mieux lorsque la chaleur arrive vers 12 dégrès, alors sa végétation se ranime, sa croissance est d'autant plus rapide qu'on lui fournit plus d'engrais solubles ; cette fumure suivie d'un hersage énergique qui recouvre le fumier, produit encore plus d'effet et assure la réussite des semis de graines fourragères faites dans les grains. Les riches composts, tourteaux, engrais en poudres ou liquides, fumiers d'étables sont également bons ; les plus courts, les plus divisés sont les meilleurs pour être répandus bien également, ce qui ne peut bien s'exécuter qu'en y employant les mains. C'est un moyen très-précieux pour utiliser les fumiers à mesure qu'ils sont faits. Si vous conservez pendant 4 à 8 mois du fumier fait l'hiver pour l'employer en mars, juin, septembre, quelque bien soigné qu'il soit, il aura perdu souvent plus *de la moitié* de sa force, et s'il est mal soigné plus des *trois-quarts*, sans avoir rien produit; si vous l'employez plus vite, la force qu'il aurait perdue pendant ces 4 à 8 mois, aura été utilisée à produire, à améliorer une récolte et, même après cette récolte, il restera encore dans la terre du fumier, qui aura *autant* ou *plus* de force que le fumier gardé pendant 4 à 8 mois. « Celui qui emploie son fumier frais ou à demi-consommé, le multiplie par 2; celui qui l'emploie très-consommé, le divise par 2, différence 4 en faveur du premier (le maréchal Bugeaud). Dans une culture bien ordonnée on peut employer son fumier tous les mois en couverture, ou en l'enterrant. Le fumier est comme l'argent, *plus vite il est placé*, *plus vite il rapporte intérêt :* si l'argent non placé ne rapporte rien, il ne perd rien, mais le fumier non placé *perd chaque jour* sans rien rapporter.

Les engrais, sans litière pailleuse, déjections d'hommes, d'animaux, seules ou réunies dans des litières terreuses, parc de moutons, engrais verts, guano, tourteaux, noir de raffinerie, poudrette, poudre d'os et autres engrais artificiels, ne font guère sentir leurs effets *au-delà d'un an*, mais ils donnent dans l'année des produits plus considérables que les engrais pailleux, dont l'action dure trois ans. Ces engrais non pailleux ne peuvent suffire à des récoltes successives, sans épuiser la terre; ils ne contiennent pas assez de matières végétales ou pailleuses, propres à faire du terreau et à retenir long-temps les principes fertilisants des engrais animaux. Ils doivent alterner avec les fumiers ordinaires ou les récoltes vertes enfouies, ou leur être associés. Ces engrais sans paille, à action vive, mais courte, sont ordinairement très-riches en azote, sous un petit volume; ils ont une grande valeur associés, mêlés à nos fumiers, en général trop pailleux. Si on enfouit beaucoup de fumier pailleux, il modifie trop la consistance de la terre, les céréales versent, rapportent peu; on ne saurait avec les seuls fumiers pailleux, donner à la terre toute sa fertilité, obtenir d'une récolte en céréales au-delà d'une certaine quantité en grain; mais les engrais sans paille peuvent être employés en très-grande quantité, sans changer sensiblement la consistance de la terre; avec eux, on peut la porter à *la plus grande fertilité qu'elle puisse atteindre.* C'est ainsi que les Flamands, les Anglais ont de si abondantes récoltes; en 1854, dans le nord de la France, le blé a rapporté jusqu'à 46 hectol. par hectare.

AMÉNAGEMENT DE LA CULTURE. — La première conditon d'une bonne culture est de bien préparer la terre; la *meilleure* préparation est de la *fumer très-abondamment.* Si on ne peut toujours la fumer ainsi, on peut toujours la bien nettoyer par des labours multipliés, des façons diverses, des sarclages, un bon cours de récoltes, l'égouttement, le drainage.

Lorsque la terre est bien nettoyée, le *fumier va où il doit aller*, aux récoltes qu'il fait naître, croître rapidement, avec vigueur; si la terre est sale, un *bien* devient un *mal*, le fumier active la croissance des mauvaises herbes, qui poussent au dépens des récoltes, les amaigrissent, bientôt les dépassent, les étouffent, les salissent de leurs graines ainsi que la terre, qui s'en trouve infestée souvent pour plusieurs années. Il y a moins de dépenses et plus de bénéfices à s'occuper sans cesse du nettoiement des terres labourables, prés, herbages, que d'attendre, pour les nettoyer, qu'elles soient infestées de mauvaises herbes. Le premier moyen de nettoyer la terre, c'est le *déchaumage.* Après la récolte des céréales et des plantes à huile, il reste sur la terre des graines de plantes nuisibles qui ont mûri avant et avec la récolte; quand on donne à la terre un labour de 14 à 16 centimètres, ces semences germent en partie avec la récolte prochaine et la salissent; les autres sont enterrées assez profondément, s'y conservent pendant plusieurs années, et, lorsque de nouveaux labours les ramènent à la surface du sol, elles l'infestent. On déchaume au moyen d'une culture superficielle de 4 à 5 centimètres, les graines germent, le premier labour les détruit ; on agit aussitôt la récolte enlevée ; selon l'état du sol, on emploie une charrue travaillant très-superficiellement, suivie ou non d'une herse, ou une forte herse à dents de fer. Déchaumer, c'est augmenter la fertilité du sol ; si les laboureurs ne déchaument pas, c'est qu'ils ignorent la valeur de cette opération, ils aiment mieux conserver de très-mauvaises pâtures, sur lesquelles les bestiaux vivent à peine et ne profitent pas, pour gagner de suite quelques francs qui leur en feront *perdre des centaines* à la récolte prochaine ; c'est jouer à qui *gagne-perd*, comme ils le font souvent. Si on néglige de nettoyer sa terre par le déchaumage on est obligé tôt ou tard de consacrer une année entière à la nettoyer par une jachère labourée.

La culture étant du jardinage en grand, on doit labourer la terre comme les jardiniers cultivent les jardins, *profondément, un grand nombre de fois*, surtout les terres fortes et humides ; pour remplacer la bêche il faut une très-bonne charrue. La charrue Dombasle, avec ou sans avant-train, en bois ou en fer, est une de celles qui convient aux plus grand nombre de sols, elle fait des labours plus profonds, exige beaucoup moins de force de tirage ; un seul homme, une paire d'animaux, bœufs ou chevaux, suffisent pour la conduire ; elle demande moins de réparations, laboure plus facilement dans les temps très-humides et très-secs, mieux les extrémités des sillons. Les labours profonds sont un des meilleurs moyens d'augmenter la fécondité du sol ; c'est surtout dans ces labours que cette charrue montre sa supériorité ; elle fait un labour de 20 à 22 centimètres avec la même facilité que la charrue ordinaire en fait un de 11 à 14. Pour labourer la terre profondément, avec économie, à 60 centimètres au lieu de 16, on emploie deux charrues, la première fait un labour de 26 à 28 centimètres, la seconde suit la première, augmente la profondeur de 30 centimètres. Cette seconde charrue, dite *sous-sol*, *fouilleuse*, sans avant-train, sans versoir, ayant un soc en fer de lance, un cep cylindrique n'enlève pas la terre du fond de la raie, elle la brise sur place, la fait foisonner, remplir la raie, cette terre vierge est recouverte par le renversement de la bande de terre que lève la première charrue ; le sol se trouve plus élevé, la couche de terre meuble plus profonde, la terre fertile reste à la surface, les plantes, surtout les pivotantes (bette, carotte), y développent bien plus leurs racines.

Les labours sont une dépense considérable, on ne doit pas en faire plus qu'il n'en faut, mais on doit pulvériser la terre, la rendre poreuse, la mettre le plus souvent possible en contact avec l'air, pour la rendre fertile ; quand vous le pouvez, labourez plutôt six fois que trois. Dans ce but, on emploie des labours croisés, des herses très-fortes, des rouleaux très-pesants, en fonte, unis ou dentelés ; en pierre, en bois, ceux-ci surmontés d'une caisse qu'on charge à volonté de pierres ; ils sont unis ou hérissés de grosses et courtes chevilles en fer ou en bois qui brisent mieux les mottes de terre. Le rouleau ne doit pas servir à replanter les mauvaises herbes en terre, comme on le fait souvent, le travail de la terre doit toujours être terminé par un coup de herse, qui ramène les mauvaises plantes à la surface, pour qu'elles y périssent ou qu'on les enlève. Le *bien labourer* et le *bien fumer* c'est tout le secret de l'agriculture (Olivier de Serres). Bien labourer ce n'est pas labourer mal une grande étendue de terrain, c'est n'en labourer qu'une petite étendue, mais profondément et plusieurs fois, et seulement l'étendue que l'on peut bien fumer. Par ces labourages nombreux et par le fumier, les terres maigres, stériles, deviennent peu à peu bonnes et fertiles ; on diminue aussi les frais, les peines, on augmente les produits ; il est plus facile de labourer un hectare six fois que deux hectares trois fois ; un hectare bien labouré, bien fumé, rapporte plus, coûte moins que deux hectares mal labourés, mal fumés. Si le bon laboureur ne connaît pas de mauvaises années, c'est qu'il laboure profondément et un grand nombre de fois, nettoie, égoutte bien ses terres, les fume très-fortement, et que dans les terres ainsi préparées et fumées, les plantes trouvant, surtout au moment de leur naissance, une nourriture abondante, substantielle, croissent si rapidement qu'elles sont de suite à l'abri des attaques des animaux nuisibles ; elles acquièrent une constitution si robuste, qu'elles résistent au froid, à l'humidité, à la sécheresse, étouffent les mauvaises herbes, ce qui assure leur récolte.

Tant de labours détruisent les graines, les racines des mauvaises plantes ; la terre ainsi ameublie, pulvérisée, aérée, propre, préparée comme une terre de jardin, peut recevoir autant d'engrais et d'amendements que l'on voudra, et n'a pas besoin de recevoir autant de semences qu'une terre maigre et mal labourée. Avec les labours à 16 centimètres, les plantes sont gelées en hiver, le soleil brûle, dessèche plantes, racines, engrais; avec les labours à 60 centimètres, elles trouvent au-delà du point où la chaleur pénètre, une terre fraîche, meuble, aérée, fumée, elles y poussent de vigoureuses racines, se maintiennent en bon état malgré les plus fortes chaleurs ; l'humidité qui se conserve au fond de la terre, remontant du fond à la surface, comme à travers une éponge, par la *capillarité*. C'est l'effet que produit le *défoncement* dans les terrains secs et sablonneux ; dans les terrains à sous-sol imperméable, froids, humides, parcourus par des eaux souterraines, il produit encore un meilleur effet, celui du drainage.

Toutes les terres très-fortes, très-humides, les terres labourables, comme les prés, ont besoin d'être égouttées par des canaux à ciel ouvert, et mieux par des canaux souterrains ou *drains*, faits au moyen de tuyaux de poterie, de petits fagots, de pierres. Dans les terrains très-humides, les fumiers ne produisent pas d'effet, ils n'y *pourrissent* pas, les eaux pluviales coulant à leur surface en en-

traînent les parties les plus *fertilisantes*. Si elles stagnent
elles se corrompent, deviennent aigres, âcres, pourrissen
les racines des bonnes plantes, qu'elles font languir et pé
rir ; favorisent la croissance des mauvaises plantes, qu
prennent la place et le *fumier* destinés aux bonnes. Le
terres auxquelles on a enlevé leur trop grande humidit
sont plus faciles à labourer, à nettoyer ; l'air, le soleil, l'ea
y pénètrent, y circulent, y laissent plus facilement leu
principes fertilisants ; il y a moins d'évaporation, de broui
lard, de rosée, plus de chaleur pour les plantes, bie
moins de crainte des effets de la gelée, bien plus de chanc
de voir prospérer les récoltes qui augmentent en quai
tité, en qualité ; de voir diminuer les maladies des plante
des animaux, de l'homme. L'opération du drainage coû
en moyenne 200 à 250 fr. par hectare, le prix d'ui
bonne fumure ; ses effets se font sentir tous les ans, sai
exiger aucune dépense nouvelle ; les terres très-humides
drainées, produisent deux à six fois plus, et des plantes(
luzerne), qui ne pouvaient y prospérer ; souvent la pi
mière récolte de blé ou d'herbe paie les frais du drainag
Le drainage et le labour profond augmentent à la fois
rendement en grain et en paille, et favorisent davantage
production en grain ; avec les labours profonds, les racin
des plantes pénètrent plus de *trois fois* aussi profondémer
et on obtient des résultats qui font plus que *doubler* l
effets du drainage seul. Si le drainage, les labours profon
augmentent la vigueur, le produit des plantes, celles-ci
nourrissent en raison de cette plus grande vigueur; si vo
ne fumez pas en conséquence vous ruinerez vos terres.

Les travaux si utiles de drainage, d'égouttement, d'ir
gation, de conduite des eaux, des engrais liquides so
souvent entravés par le prix trop élevé des moyens
transport ; le drainage a rendu ces travaux plus éconon
ques pour certains cas ; dans d'autres circonstances
emploie les tuyaux en tôle, couverts de bitume en dedans
en dehors, de M. Chameroy, à 3 fr. le mètre pour un d

mètre de 8 centimètres; ou les conduits en *béton* de M. Aug. de Gasparin, à 1 fr. et 1 fr. 50 le mètre, pour un diamètre de 12 à 15 centimètres. On creuse une rigole de la profondeur convenable, on tapisse le fond d'une couche de béton, on place sur cette couche un tuyau de pompe à incendie, en toile, rempli d'eau, on soulève son extrémité pour le maintenir gonflé, on le recouvre d'une épaisse couche de béton, on retire le tuyau qui se vide et ainsi de proche en proche; depuis douze ans de pareils conduits n'ont éprouvé aucune dégradation.

La meilleure culture est celle où la terre étant bien préparée, on emploie le fumier de manière à utiliser toute sa richesse; où on lui fait produire *la plus grande quantité de fourrages* en l'appliquant frais ou à demi-consommé à des cultures fourragères, continues et successives, qui, tout en préférant ce fumier, le plus propre à développer les parties vertes foliacées des plantes, en laissent à la terre une quantité suffisante dans l'état consommé qui convient le plus aux céréales. On arrive par le chemin le plus court, le plus économique, à produire *immensément de fourrages, ce qui est tout.* Partout et toujours les produits et les bénéfices de la culture répondent à la quantité d'engrais qu'on emploie, ou à l'étendue des champs cultivés en plantes fourragères, *matière première des fumiers*, comparée à l'étendue des champs cultivés en céréales. Les produits, les bénéfices ne commencent à devenir considérables, que là où les cultures fourragères occupent au moins la *moitié* des terres labourables, et *les quatre cinquièmes*, dans les terres peu fertiles, ce qui permet de nourrir plus d'une tête de bétail par hectare, de produire beaucoup de fumier, d'augmenter sans cesse la fertilité de la terre et sa production en grain. Plus la production en bestiaux s'accroît, plus celle en blé augmente; on en cultive une moindre étendue et cependant on en récolte davantage; c'est ce qu'on fume et non ce que l'on sème qui rapporte. « La nourriture de la terre, c'est le fumier;

» son repos, c'est d'être recouverte d'un tapis vert de prai-
» ries artificielles sur la *moitié* du domaine; ce repos est la
» meilleure restauration de la terre, disait Tarello, en
» 1567 ! »

Dans un domaine, on a toujours des terres bonnes, médiocres et mauvaises, on les cultive toutes à la fois et successivement de la même manière ; on leur demande à toutes
les mêmes récoltes. C'est une grande faute, ne demandez
pas aux mauvaises terres autant qu'aux bonnes ; dans les
mauvaises, mettez un *cinquième* seulement en céréales,
leur retour plus fréquent épuisant, salissant trop le sol; de
plus ces terres demandent plus de fumier que les bonnes et
rapportent moins. Concentrez vos engrais, vos travaux sur
vos meilleures terres et seulement sur l'étendue que vous
pouvez abondamment fumer et labourer, au lieu de les
éparpiller sur tous vos champs. On ne doit donner que l'ex-
cédant de ses fumiers et de ses forces aux terres médiocres
et surtout *mauvaises*, que l'on améliore par d'autres moyens, par l'enfouissement de récoltes vertes, le repos sous
prairies, la jachère souvent labourée. Gardez-vous de
suivre les imprudents conseils de ceux qui crient : *plus de
jachère improductive*, sans s'inquiéter si vous avez assez de
fumier à donner à vos terres ; la terre peut bien ne pas se
reposer, comme celle des jardins, mais à la condition de la
bien nourrir de fumier ; la culture des terres sans fumier,
surtout des mauvaises, est encore plus improductive que la
jachère. « En abandonnant à la pâture des terrains que la
» charrue ouvrait improductivement, j'ai obtenu plus de
» grain avec moins de fatigue pour les hommes et les animaux » (de Gasparin).

Appliquer tout le fumier frais ou à demi-consommé
aux plantes fourragères, herbes ou racines, qui non-
seulement n'épuisent pas, ne salissent pas le sol, mais le
nettoient ; qui, vu leur transformation en fumier, y ajou-
tent plus qu'elles ne lui prennent ; leur faire succéder les
céréales qui salissent, épuisent le sol et lui rendent peu ;

voilà toute la théorie et la pratique de l'assolement ou cours de récoltes, qui fait la richesse de la culture anglaise. 1re *année*, qui est celle de la fumure, racines (pommes de terre, et surtout turneps) ou fèveroles, dans les sols qui ne conviennent pas aux racines (1); 2e année, céréales de printemps (orge, avoine, blé, avec trèfle ou ray-grass d'Italie, seuls ou mêlés). 3e, trèfle ray-grass; 4e, trèfle, ray-grass ou blé d'automne; 5e, blé, suivant qu'on laisse le trèfle un ou deux ans.

Turneps, *navets*. — La première année on fume à 50 ou 60,000 kilog. par hectare, pour quatre ans, quoique la terre soit parvenue au plus haut degré de fertilité ; le sol n'est jamais *trop fumé* pour les fourrages et les racines. Les turneps exigent moins de main-d'œuvre, appauvrissent moins le sol, laissent l'engrais presque intact ; pour échapper aux attaques des insectes, ils ont besoin de croître rapidement et de trouver en naissant un stimulant énergique. C'est dans ce but que les Anglais nous enlèvent un puissant engrais, les os (phosphate de chaux), ils les leur appliquent, en plus du fumier, en poudre ou mieux en bouillie acidifiée avec un d'acide sulfurique pour deux de poudre. Le noir de raffinerie ou charbon d'os, est aussi un excellent engrais dont les effets sont merveilleux dans les sols où croissent la bruyère, l'ajonc, qui manquent presque toujours de phosphates. Les grains de blé mouillés, brassés, *pralinés* avec 4 hectolitres 1/2 de noir par hectare, donnent de belles récoltes là où le blé eût à peine grainé. Les phosphates qui existent dans presque tous les terrains calcaires sont utiles, même nécessaires au succès de beaucoup de récoltes ; quand les terres en manquent on doit leur en donner 15 à 20 hectol. par hectare, avec le noir de raffinerie, les cendres lessivées ou non, la poudre d'os; ces deux dernières substances agissent mieux quand elles sont

(1) C'est dans cette année, qu'on doit faire le sarrasin en première ou en seconde récolte; après vesces d'hiver, trèfle incarnat.

traitées par l'acide sulfurique. La chaleur et la sécheresse de nos étés étant moins favorables aux navets que le climat humide de l'Angleterre, nous ne les cultivons qu'en seconde récolte, alors ils rendent peu ; en leur prodiguant l'engrais nous en obtiendrions de très-beaux produits en première récolte. La réussite des bettes et des carottes est plus assurée en France, mais leur culture est chargée de beaucoup de frais. On peut dans certains cas cultiver avec avantage en seconde récolte, les carottes ; on en sème dans les céréales, en mars, 4 kilog. par hectare, après la moisson on herse vigoureusement et de nouveau quelques semaines après, elles rendent bien moins qu'en première récolte, mais cette culture n'occupe pas le sol long-temps et ne coûte pas de frais de sarclage.

Topinambour. — Sa culture est très-recommandée et beaucoup trop négligée (M. Gisles, de Valognes, M. Crussard, de Rédon, le cultivent depuis quelques années). Toutes les expositions, même les plus ombragées, les terres les plus variées, de très-mauvaise qualité lui conviennent, excepté les terres marécageuses et très-humides ; il résiste aux plus fortes sécheresses, il est si vivace qu'on a un peu de peine à en débarrasser le sol qui en a porté ; dans les terres où les autres racines ne prospèrent pas, il produit presque sans engrais et sans frais encore plus qu'elles ; il donne des produits d'autant plus abondants qu'il est bien cultivé dans un bon terrain *bien fumé* ; il rend toujours *un tiers*, *un quart* plus que la pomme de terre ; il se cultive, se récolte comme elle. Ses tubercules sont du goût de tous les bestiaux, ils leur procurent un appétit dévorant, on les leur donne crus, écrasés grossièrement, toujours mêlés de moitié de nourriture sèche ; les moutons quittent tout pour eux ; ils augmentent le lait des vaches ; l'homme peut aussi les manger cuits ; contenant plus de matières sucrées, azotées et moins d'eau que les autres racines, ils sont plus nourrissants qu'elles, meilleurs pour entrer dans les pains mêlés de racines ; résistant à nos froids les plus rigoureux sans se désorganiser ; on peut les récolter à mesure des besoins ; l'humididé les fait pourrir. Les feuilles sont employées , vertes ou sèches , comme fourrage ; ses tiges comme litière , bois de chauffage.

Fevrole ou fève. — Plante dont l'importance n'est pas assez appréciée ; peut-être la seule qui puisse remplacer la pomme de terre, sur laquelle elle offre plusieurs avantages; se cultive comme elle, (quelques-uns préfèrent la fève d'hiver), vient dans tous les sols, excepté les sols très-légers, préfère les terres fortes, argileuses. Elle est supérieure à toutes les récoltes pour préparer la terre pour les blés, plus on *la fume* plus elle rapporte, elle n'épuise pas le sol, elle paraît même lui rendre plus qu'elle ne lui prend. On la récolte quand le germe est noir, les siliques vertes , on laisse javeler. Les débris des feuilles et tiges battues sont recueillis avec soin, les plus petits pour les porcs , les autres pour les vaches. On la cultive aussi comme fourrage d'été , on sème 3 hectol. à l'hectare, moitié févrole, moitié avoine de printemps. Elle rapporte à l'hectare 18 à 40 hect., 2 kilog. de févrole en valent 3 d'avoine, 1 hectol. de févrole en vaut 3 d'avoine ou 360 kilog. de foin; les tiges sèches donnent 5 à 8,000 kilog., valant autant que du foin et même le double. Très-riche en matières nutritives , surtout azotées, elle convient mieux à l'homme, elle lui donne plus de vigueur et d'activité ; elle donne des fèves vertes dès juin, et est plus nutritive que la pomme de terre. « On » nourrit sur un hectare de fèves, pendant un an, plus de » sept hommes et 900 kilog. d'animal, et seulement quatre » hommes avec la pomme de terre (de Gasparin). Sa farine entre facilement dans le pain de céréales, jusqu'à *un quart* et plus en volume ; elle rend le pain plus nourrissant, plus blanc, plus savoureux : 20 livres de farine de fève, 30 d'orge , 30 de seigle donnent un pain très-mangeable , à bas prix. La févrole convient aux animaux de basse-cour et à tous les bestiaux , on ne la fait pas entrer pour plus de moitié dans la ration , on la donne aux moutons en gerbes, aux autres, concassée, en farine grossière, détrempée dans l'eau, en purée, en eau blanche froide ou tiède.

Trèfle. — Se sème dans les céréales de printemps ou d'hiver, qui suivent l'année de la fumure, donne d'autant plus de produits qu'il a reçu *plus d'amendements*, qu'il est dans une terre plus propre. En semant la céréale légère, 1 hect. au lieu de 2, la coupant *dix à douze jours avant la maturité*, ce qui améliore la paille *sans nuire* en rien au grain, on a souvent une assez bonne coupe la première année et deux coupes très-abondantes la seconde.

Dans l'intérêt du cultivateur, de la qualité des céréales, il faut les couper un peu tôt, pour ne pas finir trop tard ; quand le bas des tiges devenant blanc, la couleur verte s'affaiblit en allant vers les épis, alors la sève est arrêtée ; le grain est à un état pâteux assez consistant pour ne s'aplatir que par une légère pression entre les doigts. Que le temps soit beau ou incertain, mettez toujours votre grain en *moyettes, meulons ou villottes*. A mesure qu'il est coupé, on prend plusieurs brassées égales à 5 ou 6 gerbes, on les met debout en une grosse gerbe qu'on lie au-dessous des épis avec quelques brins de paille, on ouvre cette grosse gerbe par le bas pour lui donner du pied et faciliter la circulation de l'air à l'intérieur, puis on couvre le tour de la tête de la grosse gerbe avec un chaperon formé d'une forte brassée de tiges ayant les épis en bas et liés du côté du pied. Les épis ainsi garantis, privés du contact du sol, de l'air libre, de la chaleur, de l'humidité ne sont plus exposés à griller ou à germer, ils mûrissent lentement, se conservent parfaitement.

Gagner dix jours sur la récolte est très-important, nous faisons généralement trop tard toutes nos récoltes. Laisser les foins, naturels et artificiels durcir sur pied, trop dessécher une fois coupés, nuit à leur qualité nourrissante. Coupez-les avant leur complète floraison, fanez-les le moins possible, bottelez-les à la ferme pour conserver le plus de feuilles et de fleurs. Dans les temps pluvieux, surtout, il faut faire sécher les foins le plus promptement possible ; le mieux est, comme on le fait en Allemagne, de les placer sur un chevalet mobile, composé de trois perches de 3 mètres 33 de hauteur, réunies par le haut avec une forte cheville, assez écartée par le bas pour tenir debout et portant, de 60 en 60 centimètres, une à deux chevilles où l'on pose des gaules en travers. Dès le soir on met à cheval sur les traverses les foins coupés le matin ; on garnit d'abord les traverses les plus près de la terre, en laissant un vide au centre, on charge ainsi toutes les perches, on ne laisse pas de vide à la partie supérieure du chevalet, le foin y étant moins épais. Le tout doit couvrir entièrement le chevalet et offrir l'aspect d'un *meulon*. S'il pleut, l'extérieur seul du foin est un peu coloré, l'intérieur reste parfait. Au beau temps on le rentre en bon état. On met sur chaque chevalet 400 kilog. de foin si le temps est incertain, 600 kilog. s'il est beau. Avec des ouvriers adroits, ce fanage, le plus perfectionné connu, ne coûte pas plus qu'un fanage ordinaire bien fait ; la besogne étant faite une fois pour toutes, il ne faut pas chaque soir relever le foin et le répandre le lendemain. Et chose *capitale*, surtout pour les foins artificiels, l'herbe n'étant maniée qu'une seule fois, ne perd ni feuilles, ni fleurs qui contiennent *une fois plus* de parties nourrissantes (azotées) que le tiers supérieur des tiges, et *deux fois* plus que les deux tiers inférieurs.

Plus le trèfle a été vigoureux, mieux il dispose la terre pour le blé ; rien n'est puissant pour sa production comme sa fumure en *couverture* à la fin de l'hiver, la récolte est souvent non-seulement doublée mais *quadruplée*. Quand il a donné deux coupes on enfouit la troisième, fin septembre ou commencement d'octobre, avec une charrue à versoir, et on sème de suite le blé, sans autre labour, on enterre la semence à la herse. Quelquefois on le laisse deux ans lorsqu'il est fourni, propre, autrement les mauvaises herbes salissent la terre, ce qui nuit au blé qui succède.

Par cet ordre de récoltes on ne salit pas la terre par des

céréales revenant deux et même trois années de suite (orge, avoine, après blé, seigle), cette succession de plantes de la même famille, toujours récoltées en graines épuise doublement la terre. Le trèfle en revenant trop souvent sur le même sol, le fatigue; on le remplace par des féveroles, du ray-grass, des vesces, des mélanges de divers trèfles. « Ainsi : 1° fèves ; 2° blé; 3° trèfle ; 4° orge ; 5° vesce ;
» 6° blé. *Chaque couple d'hectare qui entrera dans ce système*
» (cultures fourragères améliorantes, succédant en quantité
» égale aux cultures céréales épuisantes) *doublera en quel-*
» *ques années sa production céréale*, qui pourra s'élever
» progressivement jusqu'à 40 hectol. à l'hectare. Habituel-
» lement on ne peut obtenir plus en France ; parvenu à ce
» terme et même avant, on peut ramener la terre à un état
» de fertilité moins avancé, en remplaçant de temps en
» temps le blé par des récoltes industrielles plus épui-
» santes. (de Gasparin).

Ray-grass d'Italie. — Croît très-rapidement, prospère dans les régions les plus froides, ne dure que deux ans, donne parfois huit coupes par an de fourrage vert très-bon, sec un peu dur ; il amaigrit la terre quand on le laisse pousser à graine, un peu moins quand il est pâturé ou fauché de bonne heure ; lorsqu'il vient d'être tondu il acquiert avec une grande rapidité un pouce de longueur, assez rapidement un second pouce, plus lentement un troisième, toujours de plus en plus lentement les pouces suivants ; au printemps, les Anglais le livrent aux jeunes bœufs dont l'engraissement s'achève, ils le chargent ensuite de moutons qui le rasent à fond ; on retire les moutons, il repousse, on y remet les moutons et ainsi successivement de dix jours en dix jours environ ; on nourrit par là deux ou trois fois plus d'animaux qu'en fauchant les prés une ou deux fois. De plus on a reconnu que le ray-grass consommé vert et fumé avec l'engrais liquide est plus nourrissant que l'herbe. En le cultivant sur des terres rapprochées de la ferme, on l'arrose sans trop de dépenses, on emploie environ 2,000 hectol.

par hectare d'engrais liquide contenant en moyenne une
partie d'excréments solides et liquides pour quatre d'eau. On
arrose après chaque coupe et quelques jours après la semaille,
celle-ci se renouvelle sur le même champ tous les deux ans
ou tous les ans. Le produit moyen, par hectare, est de
85,000 kilog. verts, valant secs, 21,300 kilog. de foin.
A défaut d'engrais liquides d'étables, on pourrait semer,
après chaque coupe, des engrais en poudre (guano, fumier
terreux, etc.) et faute de pluie faire suivre d'une pluie arti-
ficielle. (Nivière).

Maïs. — Pour fourrage vert en première ou seconde récolte, après trèfle incarnat, etc. ; très-précieux pour former des prairies artificielles de courte durée, même dans
nos pays où son grain ne mûrit pas ; les sols meubles un
peu profonds, chauds, légers lui conviennent ; *plus on lui
donne* d'engrais plus il produit ; même récolté comme fourrage vert, il épuise la terre ; lorsqu'on veut le récolter
pendant un temps assez long on en sème successivement
tous les vingt jours, de la fin d'avril à la mi-juillet ; le grand
maïs blanc est un des meilleurs pour fourrage ; on sème
par hectare 2 hectol. de semences les plus nouvelles possi-
bles, en lignes à 60 cent., à 8 cent. dans la ligne, on bine
plusieurs fois, on butte ; dès que les épis mâles se mon-
trent, on coupe ; à la pleine floraison il est trop dur et
épuise le sol ; en climat, saison, sols chauds et humides,
on peut faire plusieurs coupes ; étant sensible au froid,
on le coupe quand les gelées menacent ; on le fauche le
matin après la rosée, le soir avant le coucher du soleil, jamais au milieu du jour ; il rend en moyenne, par hectare,
18,000 jusqu'à 30,000 kilog. et plus, se réduisant à 6 et
8,000 kilog. ; il plaît à tous les bestiaux, les bœufs, vaches
en sont très-avides, il rend le lait plus abondant et meilleur.

Moha ou millet de Hongrie. — Supérieur au maïs pour la
production du lait, beurre, fromage, en qualité et quantité ;
100 kilog. de moha valent 154 kilog. de maïs, cultivé en

première récolte il donne dans des terres ordinaires un produit avantageux, beaucoup plus abondant dans les terres fertiles ou *bien fumées*, il succède encore plus avantageusement aux fourrages hâtifs (navets, seigle, etc). Les terrains secs, légers, substantiels, sableux, argilo-sableux, calcaires, lui conviennent; il croît très-rapidement, résiste parfaitement à la sécheresse; on le sème jusqu'en juillet, 10 à 15 kilog. par hectare; on chaule la semence comme celle du blé, en l'arrosant d'eau salée avec 640 gr. de sulfate de soude par hectol., et saupondrant avec 2 kilog. de chaux vive en poudre; il donne en moyenne 18 à 20,000 kilog., se réduisant à 10,000 kilog; il est mangé avec avidité par tous les bestiaux.

Chou branchu du Poitou, qu'il ne faut pas confondre avec les autres variétés, (cavalier, vache, chèvre, moellier,) est un fourrage dont on ne saurait trop propager la culture, il est de toutes les saisons. Semé en mars, avril, repiqué en mai, juin; consommé en septembre, octobre, novembre. Ou semé en mai, juin, repiqué en août, septembre; consommé en hiver et au commencement du printemps, si la gelée l'épargne. Ou enfin semé de la mi-août au 1er septembre, repiqué du 1er au 15 novembre, très-petit, ayant 10 centimètres hors de terre, 3 à 4 petites feuilles; consommé du commencement de juin à la fin d'août. Ce chou atteint la hauteur d'un mètre et produit à l'aisselle de ses vastes feuilles un et même deux jets, qui s'allongent souvent jusqu'à 50 centimètres, et d'autant plus qu'on en enlève les feuilles, qui garnissent les jets presque dans toute leur longueur.

Les fourrages donnant les fumiers, qui donnent tout, faites en le plus possible pour toutes les saisons. Donnez toujours aux bestiaux une nourriture fraîche, bien plus nourrisante que la sèche, meilleure pour leur santé, produisant plus de viande, lait, fumier. On rapproche les bestiaux de leur état naturel, c'est le secret des succès des Anglais dans l'élevage du bétail. Rien ne fait du fumier comme les récoltes vertes consommées à l'étable , à la fin de l'automne ; au printemps pour économiser le fourrage sec on tient les bestiaux dans des pâturages qui ne donnent rien ; ils deviennent dans un état de maigreur déplorable, ils ne produisent plus rien , quand revient l'abondance ils mangent trop , sont malades. Cela n'arriverait pas si on avait pour toutes les saisons des fourrages verts successifs , hâtifs ou précoces, et tardifs, ce qui est possible en dehors des cultures les plus répandues.

Mois des semailles.		*Mois des récoltes.*
Fév. à Avril.	Seigle, pois quarantains, moutarde blanche mêlés.	Avril à Juin.
Mars à Juin.	Vesces de printemps, Spergule,	Mai à Oct.
Avril à Juin.	Lupin blanc, jaune, bleu pour les moutons, à manger sur place.	Sept. à Oct.
Avril à Sept.	Sarrasin, maïs et pois quarantains, moha mêlés.	Juin à Nov.
Août.	Sarrasin, chou, colza mêlés.	Octobre.
id.	Navets seuls ou mêlés à seigle, trèfle incarnat.	Décem. Avril, Mai.
id.	Seigle, orge d'hiver, chou mêlés.	Avril.
id.	Trèfle incarnat seul , ou mêlé à ray-grass, avoine, vesces.	Mai.
id.	Millet, trèfle incarnat mêlés.	Oct. et Mai.
Août, Sept.	Seigle, vesces mêlés ; navette ou trèfle incarnat mêlés.	Mai, Juin.

Il y a des plantes qui, croissant très-vite, peuvent être semées presque toute l'année, chaque fois que l'on peut disposer de *six à sept semaines* entre deux récoltes et donner ainsi jusqu'à *quatre* récoltes par an, depuis celle des céréales en août jusqu'aux semailles d'octobre. On récolte ces fourrages dits *quarantains* en dépouillant les sillons suivant leur longueur, pour que la charrue puisse ouvrir la terre de suite, après tout enlèvement partiel des récoltes ; on fume abondamment, on sème tous les 8 à 15 jours ces fourrages ou autres moins hâtifs, suivant les convenances du sol, du climat (vesces de printemps, spergule), on leur fait succéder des céréales. (Quantités du mélange quarantain par hectare. Sarrasin, 50 litres, pois et maïs quarantains de chaque 25 litres, moha, 10 litres, ou Alpiste des Canaries). Cette méthode de succession de fourrages aménage, répartit si également les travaux qu'un valet de ferme, une paire de bœufs suffisent pour 33 hectares, dont un tiers en prés, elle permet d'avoir beaucoup de bêtes de rente.

Si on ne peut faire manger les fourrages verts, ce *qui est toujours préférable*, on peut les enfouir comme engrais ; c'est l'engrais le moins cher, le plus facile à se procurer partout, le moins répandu, celui qui se répandra le moins vite. Essayez-en dans les carrés vides des jardins, semez-y très-épais, comme on doit le faire pour les récoltes à enfouir, vesces et seigle mêlés, enfouissez en semant. Pour l'enfouissement on sème mieux un mélange de plantes, on les enfouit en fleur. Un seul enfouissement de lupin vaut 37,000 kilog. de fumier, de vesces 25,000 kilog. de sarrasin, 22,000 kilog. On adopte telles plantes suivant le sol, le climat, le prix de la graine, leur richesse en azote; la navette contient en azote 0,74 pour 100 ; lupin 0, 47 à 0,70 ; fèves, 0,54; trèfle, 0,37 ; sarrasin, 0, 16 ; goémons , 1. Les engrais verts ne peuvent remplacer le fumier, ils alternent bien avec lui, leurs effets sont prompts, ils fermentent rapidement, nourrissent de suite les récoltes et laissent dans le sol un terreau précieux ; leur usage devrait se répandre *partout*, surtout dans les pays où faute d'argent, de fourrages, d'engrais, on ne peut porter la terre à un bon état de fertilité et élever assez de bestiaux. M. Moll emploie les fumures vertes avec beaucoup de succès pour défrichements et autres cultures, il en sème entre le colza et le blé, le blé et les vesces, les vesces et l'herbage.

La paille seule est une misérable nourriture, hachée, mêlée à l'état sec avec une ration de grain, de tourteaux, de racines, elle régularise ces rations trop nourrissantes, ou trop humides; mais seule ou mêlée avec des racines ou du foin et mouillée avec de l'eau pure ou salée, froide ou chaude, eau contenant un sixième de son poids de tour-

teaux de colza, bien comprimée dans des tonneaux et
abandonnée à une fermentation de 48 à 72 heures, elle
vaut du foin de seconde qualité, 10 kilog. de paille fermentée valent 5 kilog. de foin. Ou bien on forme des meules
par couches successives de 30 centimètres de paille et de
trèfle, luzerne etc., à moitié secs; sur chaque couche on
sème du sel comme on sèmerait du blé épais, on comprime
fortement le tout, qui fermente légèrement et donne un
assez bon fourrage. On a aussi des citernes où toutes les
feuilles vertes des récoltes racines, des vesces, trèfles, etc,
sont emmagasinées, saupoudrées couche par couche de 350
gram. de sel, par 50 k. puis comprimées, cela fait une chou-
croute succulente qui, pendant l'hiver maintient le lait
des vaches. On améliore toujours la valeur des aliments des
bestiaux en les divisant, les mouillant d'eau salée, les ramollissant par la cuisson dans l'eau, à la vapeur, (au four
même pour la pomme de terre) ou par la fermentation.
L'économie produite sur la quantité de fourrage par cette
augmentation de valeur varie d'un *quart* à près de *la
moitié*, les frais de préparation non déduits.

Le sel est du goût de tous les bestiaux, il les préserve
de diverses maladies; ceux qui en mangent ont plus d'appétit, se développent, engraissent plus vite; leur viande
est meilleure, plus fine; les vaches gardent plus long-temps
leur lait, en donnent davantage et de meilleur. La quantité
par jour est, pour chaque individu de l'espèce bovine,
60 gr.; chevaline, 30; porcine, 30; ovine, 15; ces rations
doivent être doublées pour l'engraissement. On le donne
mêlé aux aliments en poudre, dans l'eau, dans des sacs
humides que les bestiaux lèchent. Il est très-utile de le mêler aux aliments humides, aux racines, mais surtout aux
foins naturels et artificiels pour les conserver; avec un ta-
mis on répand pour 100 kilog. de foin, 200 à 1,200 gr.
de sel, en se dissolvant dans l'eau du foin qui s'échauffe,
il s'y répand également, l'empêche de noircir, de moisir;
la quantité du sel doit être d'autant plus grande que le foin

est de plus mauvaise qualité, qu'il a été récolté plus humide : 3 kilog. de foin salé valent 4 kilog. de non salé, et les bestiaux le digèrent mieux. Le sel est aussi un bon engrais, mais en l'employant dans les conditions suivantes : Faites un compost d'une partie en poids de sel et de deux de craie, ou marne blanche, ou *chaux*, humectez le mélange, couvrez-le de terre; laissez-le mûrir à l'ombre 3 ou 4 mois, en l'entretenant *humide* : au printemps, répandez sur les récoltes levées 1,000 kilog. par hectare de ce compost ; « pour 57 fr. vous aurez en blé un bénéfice net de 86 à 115 fr. (Girardin). » en mettant 10 kilog. de sel solide, ou dissout dans l'eau, ou le purin par mètre cube de fumier *humide*, il en hâte la décomposition et l'améliore ; quand les bestiaux mangent du sel ils le rendent dans leurs déjections, on n'a pas besoin de saler les fumiers. Le sel doit trouver dans la terre de l'air, de *l'humidité*, du *calcaire* pour se convertir en *soude* par laquelle il agit ; il ne réussit pas dans les sols secs, sablonneux , *sans calcaire*, ou trop compacts; mis en quantité plus considérable que celles indiquées, il brûle tout.

À notre grand préjudice les Anglais nous enlèvent beaucoup de tourteaux, on en emploie par hectare 1,200 kilog. et plus , ils produisent l'effet de 30,000 kilog. de fumier, la terre doit être chaulée : 5 à 600 gr. valent 1 kilog. de foin : ils engraissent beaucoup les bestiaux, qui en sont très-avides, on les leur donne en soupes froides ou chaudes , mêlés aux autres fourrages dont ils améliorent la qualité.

AMÉNAGEMENT DU BÉTAIL. — Pour avoir les bestiaux qui rapportent le plus, choisissez même *au prix le plus élevé*, les reproducteurs mâles et femelles d'élite, ayant à un haut dégré, d'une manière *constante*, depuis de longues générations les qualités, aptitudes que vous désirez trouver dans le bétail ; n'élevez de bestiaux qu'autant que vous en pouvez *nourrir toujours très-abondamment*. Le prix élevé que les cultivateurs paient pour l'appareillement avec des reproducteurs mâles de choix est le signe le plus certain du progrès dans l'élevage des animaux ; l'éducation du bétail est toujours mauvaise quand ils recherchent ceux dont l'appareillement est *gratuit* ou au *plus bas prix* et qu'ils ne prennent aucun soin pour choisir les mères. Ceux qui paient des prix élevés, savent quelles qualités ils ont avantage à reproduire, à améliorer dans leurs bestiaux, quels défauts ils doivent corriger ou supprimer et même quelles qualités ils doivent affaiblir pour donner plus de valeur à celles qu'ils recherchent. Les animaux de l'espèce bovine ont trois aptitudes, travail, lait, viande, et cette troisième est la fin dernière de tous ; mais des aptitudes diverses et surtout opposées (celles au travail et à la viande), ne peuvent exister en même temps *à un degré très supérieur* dans le même animal. C'est au cultivateur à juger quels animaux, quelles aptitudes peuvent lui procurer le plus de profit. Le plus souvent le petit et le moyen cultivateur sont obligés d'avoir des bêtes à plusieurs fins, des chevaux étoffés, bons travailleurs, en même temps légers, énergiques, bons pour la selle ; des bœufs et même des vaches pouvant travailler ; des vaches en même temps bonnes laitières ; des vaches et bœufs en même temps engraissant facilement ; alors ces deux ou trois aptitudes réunies sont moins productives, que si l'une d'elles était seule *spécialisée*, perfectionnée sur un seul animal.

Le choix et l'aménagement du bétail sont aussi une question de nourriture et de *fumier*, ce n'est pas ce qu'on *élève* qui produit travail, lait, viande, fumier, c'est ce qu'on *nourrit bien*. Un animal mange en raison de son poids, il lui faut pour vivre, *sans rien produire*, 1 kilog. de foin pour chaque 60 kilog. qu'il pèse, c'est la ration d'entretien qui ne donne *aucun* bénéfice ; pour produire le développement de l'animal dans le ventre de la mère, la croissance dans les jeunes animaux, le lait, la viande, le travail, il faut au moins un autre kilog. de foin pour chaque 60 kilog. du poids de l'animal, c'est la ration de production, celle qui donne du *profit*. Une vache laitière pesant 300 kilog., mangeant 6 kilog. de foin, dont 5 pour la ration d'entretien, il reste 1 kilog. pour produire 1 litre de lait, à 10 cent., pour payer 6 kilog. de foin ; si elle mange 20 kilog. de foin, il en restera 15 donnant 15 litres de lait, valant 1 fr. 50, pour payer les 20 kilog. de foin. Le kilog. de foin est payé 1 cent. 1/2 dans le premier cas, et 7 1/2 dans le second. Plus on donne de nourriture en plus de la ration d'entretien, *dans de certaines limites*, plus elle agit énergiquement pour produire développement, croissance, travail, lait, viande ; plus l'animal paie cher la nourriture qu'il reçoit.

Les bêtes de boucherie forment la masse des machines à fumier ; l'espèce bovine est deux fois aussi nombreuse que les autres animaux de la ferme, ce que nous en dirons s'applique, en général, à tous les bestiaux. Dans beaucoup de circonstances le travail de la race bovine est aussi bon, même meilleur, plus économique que celui des chevaux ; dans les pays où les chevaux sont les bêtes de trait, le mieux est de ne demander à l'espèce bovine que de la viande et du lait, ou très-peu de travail, et de choisir les races les plus *précoces, qui croissent vite, engraissent rapidement et dans leur jeune âge*, donnant avec le moins de nourriture et de temps la plus grande quantité de viande et de graisse. Nous tuons la masse de nos bêtes bovines trop tard ou trop tôt ; nous tuons nos bœufs de sept à dix ans, quand ils ne croissent plus, qu'ils ont consommé une immense quantité de fourrages, qui ne les a pas fait augmenter de poids, avec laquelle on eût nourri *quatre à treize* animaux plus jeunes, plus précoces. Un animal de l'espèce bovine consomme en foin, en moyenne :

Avant de naître, pour 5 mois de nourriture de la mère,		1,200k	
de la naissance à 6 mois, pour le lait de la mère,		1,440	2640k
de 6 mois à un an.		637	5,277
de 1 an à 2 ans.	5,192	2,555	5,852
de 2 ans à 2 ans 1/2.	5,108	1,916	7,748
de 2 ans 1/2 à 3 ans.	7,024	1,916	9,644
de 3 ans à 6 ans, à 5,852k par an		11,496	21,160
de 6 ans à 10 ans, à 5,620k par an.		22,480	43,640

43,640 kilog. consommation d'un bœuf arrivé à 10 ans, contiennent 4 fois 9,644 kilog. et 5 fois 7,748 kilog., consommation d'un bœuf arrivé à 3 ans et 2 ans 1/2. En achetant les veaux à 6 mois 43,640 kilog. contiennent 6 fois 7,024 kilog., 8 fois 5,108 kilog., 13 fois 3,192 kilog., consommation d'animaux arrivés à 3 ans, 2 ans 1/2 et 2 ans.

Des bœufs consommant une si grande quantité de fourrages sont engraissés à perte, leur travail ne paie pas leur nourriture, plus ils sont vieux, plus ils sont bien faits pour le travail, plus ils ont travaillé, plus ils ont été mal nourris, surtout dans leur jeune âge, plus ils engraissent difficilement : manquant de nourriture, nous tuons nos veaux avant leur accroissement quand ils donnent 30 kilog. de viande. On ne doit pas tuer ces animaux si jeunes quand ils font le plus de viande, ni aussi vieux quand ils n'en font plus depuis long-temps ; il faut les abattre lorsqu'ils ont pris leur plus grand accroissement, on en abat 3 ou 4 dans le temps ou nous en abattons un. Les animaux se renouvelant plus souvent, les bénéfices de la vente reviennent plus souvent, la viande est produite en plus grande quantité, avec une même quantité de fourrages, et même avec une moindre ; les animaux aptes à l'engraissement mangent moins que ceux qui engraissent lentement. Une plus grande production de viande donne une masse beaucoup plus considérable de *fumier*, qui revient à très-bas prix, et la *fécondité du sol suit l'élevage des animaux précoces.*

Ayez des moutons, beaucoup de moutons, ce sont les bestiaux les moins difficiles sur la nourriture, ceux qui la mettent le plus à profit, qui donnent l'engrais le plus riche : des moutons Anglo-Français, ceux de la Charmoise, croisés New-Kent, donnant moitié plus de viande, croissant deux fois plus vite, excellente race connue depuis dix ans à Valognes, très-précieuse pour sa toison tassée, fermée à mèches carrées, à laine de peigne la plus fine qui existe, plus avantageuse à produire que celle des mérinos, dont la valeur va toujours en diminuant : des porcs Anglais,

4

1. Vache laitière.

2. Taureau Durham.

3. Bélier de la Charmoise.

4. Verrat New-Leicester.

Anglo-Français, des Craonnais-New-Leicester, qui, avec la même quantité de nourriture, donnent à huit mois un tiers en plus de viande et de graisse : pour les sols bons, fertiles en fourrages, des veaux Durham, Durham-Manceau bons pour la boucherie à deux ans et demi, trois ans, donnant une fois plus de viande, principalement en viande de premier choix (les herbagers normands paient ces animaux 10 à 20 centimes de plus par kilog.); des veaux Devon, très-bien faits comme bêtes de boucherie, engraissant plus tard, plus propres au travail que les Durham, qui n'y sont nullement propres ; pour les sols médiocres et mauvais, ceux où la culture des fourrages est peu avancée, les races anglaises d'Alderney, d'Aïr très-bonnes laitières ; la race Bretonne donnant pour la même quantité de nourriture et de lait, cinq parties de lait et de beurre au lieu de trois. Les meilleures laitières et mères ne sont pas les plus grandes laitières, dont le lait contient beaucoup d'eau, mais celles dont le lait donne beaucoup de beurre et de fromage pour la même quantité de nourriture. Il n'en coûte pas plus de nourrir une bonne vache qu'une mauvaise ; la bonne, pour 15 kilog. de foin, donne 15 à 18 litres, même 20 à 25 de bon lait, qu'elle garde longtemps, la mauvaise en donne 6 à 8 litres de médiocre, qu'elle perd promptement. Les vaches anglaises sont toutes bonnes laitières, elles portent l'écusson Guenon des premiers ordres.

L'écusson est cette partie du poil *remontant*, qui part des trayons ou des bourses (FIG. 1, H. H.), s'étend en largeur en dedans et au-dessus des jarrets, déborde sur la face postérieure des cuisses (C. C.) jusque vers le milieu du pis ; s'élève plus ou moins sous diverses formes (B. B.) quelquefois jusqu'à l'anus : sur les taureaux il a toujours moins d'étendue. Les animaux qui viennent de naître, mâles et femelles, portent des écussons dont le poil est long, gros, roide ; lorsque ce poil tombe, ces écussons ressemblent à ceux des vaches, moins l'étendue. Grâce à ces signes précieux, apercevables chez les très-jeunes animaux, on peut n'élever que des sujets d'espérance.

Si l'écusson ne suffit pas pour choisir une bonne vache laitière, joint à d'autres signes il a une grande valeur ; on peut trouver *quelques* vaches bien marquées, qui ne sont pas laitières, par suite de vices de conformation qui n'ont pas porté sur l'écusson ; mais on ne voit *jamais* une bonne laitière parmi les vaches *mal marquées*. Les vaches bonnes et très-bonnes, donnant un lait abondant, gras, riche en beurre, qu'elles gardent long-temps, ont : écusson le plus étendu, à dessin le plus régulier, à lignes finement dessinées ; sur la bordure de l'écusson les poils en sens inverse se touchent sans se mêler, ou se hérissent peu ; mamelles amples, pis volumineux, souple, graisseux, diminuant beaucoup à la traite, le tout recouvert d'un duvet court, fourré, doux ; veines des parties latérales inférieures du ventre, du pis (au-dessous de H. H.), du périnée (entre B. B.) grosses, flexueuses, variqueuses, en raison de l'âge et de l'abondance du lait, donnant à la peau des mamelles et du périnée une teinte jaunâtre chez les vaches, rosée chez les génisses ; peau mince, souple, poil court, doux ; tête petite, cornes fines, blanches ; œil vif, regard doux, encolure grêle, poitrine et bassin amples, hanches écartées, air féminin ; plutôt maigres que grasses.

Les vaches médiocres et mauvaises, donnant un lait peu abondant, ou contenant beaucoup d'eau, maigre, pauvre en beurre, qu'elles perdent de bonne heure, ont : écusson peu étendu, irrégulier, les poils descendants prennent la place de l'écusson en formant sur lui des pointes aiguës, des échancrures arrondies ; ligne qui borde l'écusson large, et pendant une grande longueur, à poils très-grossiers, hérissés, enchevêtrés ; peau de l'écusson lisse, blanche ; mamelles reserrées, blanchâtres, pis petit, dur, peu graisseux, diminuant peu à la traite, le tout recouvert de poils longs, rudes, clairs semés ; veines du périnée, du ventre, du pis, nulles ou petites et droites ; peau épaisse, roide ; poil dur ; tête forte, cornes grosses à la base ; encolure volumineuse ; membres gros ; cuisses charnues ; ressemblent à un taureau ; plutôt grasses que maigres.

Il existe aussi, *hors* l'écusson, de petites traces de poils *montants*, et *sur* l'écusson de poils *descendants* appelés *épis*, anneaux ; les indications qu'ils donnent sont peu sûres ; quand ils sont grands, à poils gros ils indiquent la mauvaise qualité du lait, ou sa prompte diminution.

Dans le choix des races pour améliorer le bétail de boucherie, ne suivez pas les avis des esprits exclusifs, ayant un parti pris d'avance pour ne trouver bonnes que les races anglaises, ou pour les dédaigner toutes. Nous avons du bon, les Anglais aussi ; sans tomber dans leurs exagérations de *spécialisation*, sachons leur prendre ce qu'ils ont de bon, avec mesure, en nous arrêtant à temps dans les croisements ; avec discernement, en tenant compte de l'état de nos cultures fourragères, des besoins, des habitudes de chaque localité. Il est certain que pour le rendement en viande leurs bestiaux ont des formes parfaites.

Les Durham (FIG. 2.) sont le modèle des bêtes de boucherie auxquelles on demande peu d'os, peu de chair, là où elle est d'une qualité inférieure ; viande ferme, savoureuse, marbrée d'une graisse résistante, à fibres fines, courtes ; tête petite, sèche ; jambes minces au-dessous des genoux ; racine de la queue et cou minces, pieds petits, signes de la finesse des os ; peau fine, douce, lâche, élastique ; poitrine haute, large, profonde, côtes fortement courbées ; avant-bras bien garnis de chair, ventre très-bombé, arrondi en barrique, profond, pas trop long, ni pendant ; dos droit, plein, sans cavités ni derrière le garot, ni en avant de la croupe ; reins larges, se raccordant bien avec le dos ; quartiers de derrière longs, pleins, chargés de graisse et de chair, qui descendent jusqu'aux jarrets ; jambes plus courtes que longues, taille moyenne et près de terre. Il faut beaucoup de rondeur, d'harmonie dans les formes, que toutes les parties du corps s'unissent sans passage brusqué ; que des formes amples soient unies à des extrémités sèches, petites, signes de la finesse de la nature de l'animal. Un bœuf gras, bien fait, doit présenter la forme d'un tonneau, vu par les côtés et par-dessus, il doit remplir à peu près le cadre que porte la figure 2 ; et, vu de face ou par derrière, remplir la moitié de ce cadre ; sa longueur devant être deux fois sa largeur. Un mouton (FIG. 3.), un porc (FIG. 4.), doivent avoir la forme d'un œuf supporté sur quatre petits pieux, avec la tête la plus petite possible.

Choisissez vos reproducteurs avec le plus grand soin, surtout les mâles, qui, par la multiplicité des produits, donnent une plus grande somme d'améliorations ; sans oublier que le reproducteur qui est de souche la plus ancienne ou la plus pure, a le plus d'influence sur les produits. Prenez vos animaux d'élève sous la mère, tâchez de connaitre les qualités des pères et mères ; les dispositions à l'engraissement se transmettent par la mère, celles au lait par le père, c'est-à-dire de la mère par le fils. Les mâles très-jeunes, *bien développés*, bien nourris, les plus tendres, sont préférables pour donner à leurs enfants des formes rondes, féminines, de petits os, un tempérament mou, propre à la graisse et au lait. Les femelles ayant à supporter les fatigues du part et de l'allaitement, doivent-être moins jeunes, sans cependant être trop âgées ; les vaches qui portent jeunes sont, dit-on, meilleures laitières. Pour produire des animaux de travail, constituer une race, on doit être plus exigeant sur l'âge, sans oublier qu'il faut bien plus regarder au développement qu'à l'âge ; ainsi, chez les Durham, la dentition est terminée à trois ans et demi, même à trente-sept mois. Choisissez les animaux à poitrine la plus grosse, plutôt ronde qu'ovale, extrémités fines et petites, taille moyenne ; les animaux à os gros, jambes longues, poitrine étroite, coûtent plus à engraisser, donnent pour la même nourriture moins de viande nette et bonne.

Pour donner la précocité aux animaux, l'entretenir, en

tirer parti , il faut toujours les bien nourrir depuis le *ventre*
de la mère jusqu'à l'*abattage* ; ceux qui , dans l'intervalle ,
maigrissent faute de nourriture, consomment plus et donnent
moins de produits. La quantité et la qualité de la nourriture
des jeunes animaux importent beaucoup ; donnée en abondance au moment de la croissance , elle augmente la taille ,
le volume ; les poulains mal nourris n'arrivent pas à la
taille qu'ils auraient pu avoir , et ils se développent à six
ans au lieu de quatre. La croissance n'est jamais plus rapide que dans les moments les plus rapprochés de la naissance , elle diminue à mesure qu'on s'en éloigne ; aussi
l'accroissement de valeur d'un veau paie les 100 kilog. de
foin mangé , 8 fr. de six mois à un an ; 2 fr. 94 de un à
deux ans ; 1 fr. 30 de deux à trois ans. C'est aussitôt après
la naissance qu'il faut leur donner une grande quantité de
lait, la nourriture la plus riche qu'ils recevront jamais , *le
veau est dans le pis de la vache, et le pis de la vache est dans sa
bouche.* Les aliments donnés à l'élève doivent-être abondants , variés , *surtout nourrissants,* alors le ventre ne prenant pas trop de grosseur , ne gêne pas le développement
de la poitrine, qui devient profonde , ample , permet au
cœur , aux *poumons* , instruments toujours actifs et si puissants de la vie, de se développer, de se mouvoir avec facilité.
Ces organes volumineux , énergiques sont en rapport avec
la faculté qu'a l'animal de digérer vite et bien , de convertir
les aliments en nourriture profitable, ce qu'on appelle
puissance d'*assimilation* qui , ainsi que la force musculaire ,
est toujours en rapport avec la *respiration* ; les bons animaux de trait et de course doivent donc avoir une poitrine
très-développée. Un animal ayant une respiration puissante
engraisse plus vite ; d'un même poids d'aliments il tire plus
de profit ; ce n'est pas ce qu'un animal mange qui profite ,
c'est ce qu'il digère, ce qu'il convertit en croissance, viande,
lait , travail. Le moment de la croissance est décisif pour
donner une forte constitution à l'élève , en le nourrissant
bien ; plus tard il ne serait plus temps , mal nourrit au début,

il s'en ressentira toute sa vie, ses organes seront toujours faibles, il digèrera lentement et mal, sans tirer parti de ses aliments, il ne s'engraissera qu'à perte, après avoir englouti des masses d'aliments ; quelquefois même on ne pourra l'engraisser.

On donne aux bestiaux des aliments de différentes espèces, mélés, pour exciter l'appétit et l'assimilation ; on les donne divisés, hachés, pour faciliter leur mélange et leur macération, ou infusion, ou cuisson, ou leur mastication et digestion ; on les donne trempés d'eau froide et mieux chaude, ou cuits, ou fermentés. L'estomac des animaux a de la peine à extraire des fourrages secs leurs sucs nutritifs; en les divisant, les ramollissant on augmente d'un *tiers* leurs facultés nutritives. Les vaches à lait se trouvent très-bien des soupes chaudes, elles donnent autant de lait qu'avec les herbes fraîches.

Produire dans le temps le plus court, à l'aide de la moindre quantité d'aliments, la plus grande quantité de viande, de graisse de la meilleure qualité, voilà le principe de l'engraissement. Il s'agit de faire manger à l'animal à l'engrais la plus grande quantité de nourriture, en plus de la ration d'entretien, dans le moins de temps possible, pour ne lui donner, que pendant le moins de temps possible, cette ration d'entretien *qui ne produit pas de bénéfice*. Si on peut dans *un* mois obtenir les mêmes résultats que dans *quatre* mois, on gagne pendant *trois* mois la valeur de la ration d'entretien. *La prodigalité est ici de l'économie*, si par elle on arrive au même but *l'engraissement rapide* suivi d'une vente immédiate, qui seul donne des bénéfices. Ce résultat dépend beaucoup du choix des animaux ; tel bœuf gagne chaque jour 2 kilog., tel autre n'en gagne qu'un. En moyenne, 100 kilog. de foin ou l'équivalent, produisent 5 k. de viande. On donne à l'animal à l'engrais autant d'aliments qu'il en peut consommer, son appétit est le meilleur guide ; on soutient son appétit par des nourritures variées, pour qu'il puisse choisir selon son goût, et qu'ainsi excité à manger il engraisse rapidement. On donne des aliments de plus en plus nourrissants sous un moindre volume (tourteaux, féveroles, grains égrugés ou grossièrement écrasés), à mesure que l'engraissement avance, car le corps se remplissant de viande, de graisse, il reste de moins en moins de place pour les aliments et la ration d'entretien devant augmenter avec le poids de l'animal, si on n'augmentait pas la richesse de la nourriture tout en diminuant son volume, il ne pourrait plus digérer cette masse d'aliments, son engraissement s'arrêterait. Le sel est nécessaire aux bêtes à l'engrais pour faciliter la digestion, l'assimilation ; les Suisses disent : 1 kilog. de sel fait 10 kilog. de graisse.

En agriculture tout système exclusif est faux, dangereux ; tout est relatif, il n'y a rien d'absolu pas plus pour les fumiers, les bestiaux que pour les cultures ; *L'amélioration du sol* est seule bonne en tout pays ; il y a partout des habitudes que l'on croit mauvaises et qui sont bonnes, tant le sol et le climat modifient tout. Quand on change d'habitudes il faut d'abord le faire en petit, avec intelligence et prudence, mais on doit le faire, car il faut absolument varier nos productions animales et végétales, chercher pour chaque localité à *approprier*, à *spécialiser* les plantes, les animaux suivant la nature du sol, du climat, les aptitudes et besoins des plantes, des animaux, de l'homme. La vie de ces derniers n'en sera que plus assurée, les produits de toute espèce augmentant beaucoup par cette appropriation, cette *division du travail* portée dans la production agricole et les chances du cultivateur seront divisées par la variété des cultures et de l'élevage ; mais pour le succès de ces cultures variées, il faut *beaucoup de fumier*, une terre fertile. Tel sol, tel climat, tels engrais, tel mode de culture, de récolte, conviennent mieux à certaines espèces et variétés de plantes, influent beaucoup sur la quantité des produits leur qualité, leur valeur nutritive. La *variété* dans les productions convient à la terre, aux plantes, aux animaux, à l'homme ; l'alternance est la loi de tous les êtres ; l'homme se délasse en changeant de travaux ; la terre s'épuise en produisant toujours les mêmes plantes, elle se repose en recevant des plantes différentes, des engrais variés : les mêmes plantes en revenant trop souvent sur le même sol, donnent des récoltes de moins en moins abondantes, dégénèrent. Les animaux préfèrent des aliments variés ; suivant l'âge, le sexe, la santé, la race, l'espèce, les aptitudes, ils tirent de tels ou tels aliments un parti plus ou moins profitable, selon qu'on leur demande croissance, travail, viande, lait. La carotte est meilleure pour les vaches à lait et les chevaux, la bette pour les bêtes à l'engrais ; la pomme de terre cuite ou fermentée est bonne pour tous. Il y a dans cette *spécialisation* des produits, un champ immense d'observations, d'expériences, de profits à faire.

Les plantes qui produisent le plus en volume n'étant pas toujours les plus nutritives, il faut connaître leur valeur productive et nutritive combinée, variable avec le sol, le climat, les animaux, pour savoir quelles plantes cultiver de préférence. La valeur nutritive des aliments des animaux comme celle des engrais, aliments des plantes, est en raison combinée de leur contenance en diverses substances et surtout en éléments *azotés*. Les aliments venant des animaux et des plantes, contiennent des matières azotées (fibrine, gélatine, albumine, caséine, gluten, etc.) analogues à la chair, au blanc d'œuf, au fromage; des matières amylacées (fécule ou amidon, mucilage, gomme); des matières sucrées cristallisables ou non; des matières grasses (graisse, huile, beurre); des matières salines très-diverses (phosphates, etc.) La nourriture des bestiaux variant selon les circonstances, il est utile de connaître la valeur nutritive des aliments, afin de donner de chaque aliment ce qu'il en faut, pour que la ration soit toujours à peu près égale à celle en bon foin, et pour savoir à quels aliments donner la préférence pour la vente ou l'achat. Il sera peut-être toujours impossible d'indiquer avec une grande exactitude cette valeur très-variable, les indications suivantes donnent une idée des services que les sciences peuvent rendre à l'agriculture.

Matières nutritives contenues dans 100 de :	Azotées.	Amylacées.	Sucrées.	Grasses.	Acide phosphorique.	Eau.
Farine de blé dur.	22	58	9	5	0,9	10
— blanc	11	75	6	»	0,9	10
— d'orge.	14	65	10	5	0,9	15
— d'avoine.	14	60	9	5	1,»	15
— de seigle	15	65	12	2	0,3	15
Graine de fève.	25	52	»	1,5	1 »	15
— sarrasin	10	52	5	»	0,3	12
Tourteau de co'za.	44	«	»	15	5.1	6
Racines de pommes de terre.	1,5	20	1	»	0,5	74
— topinambour	3	2	14,7	»	0,1	77
— panais	2	2	5,5	»	»	79
— carotte	1,1	1	5	»	0,5	86
— betterave	1,5	«	8	»	0,4	87
— navet.	1,5	«	6,2	»	0,7	89

Valent environ 1 kilog. de bon foin ordinaire :

0k5 fève, blé, seigle, orge, avoine, sarrasin, maïs; tourteau, gland.

0 9 foin de trèfle en fleur.

1 » foin de vesce, luzerne; gros son.

1 5 paille de fève, pois, vesce, lentille.

1 7 paille topinambour, balle de céréales, pommes de terre cuites.

2 » paille sarrasin, orge, avoine; pommes de terre crues, topinambour.

5 » paille blé; bette, carotte, panais, navet; feuilles de pommes de
terre et de topinambour.

4 » paille seigle, maïs; trèfle, vesce, luzerne verts.

5 » navet, turneps.

5 5 feuilles vertes de bette et chou.

Produit par hectare.	Moyen.	Le plus élevé.		Équivalent en foin.
Foin.	5,000k	6,400k	5,000	6,400k
Trèfle	4,000	8,000	4,450	8,900
Luzerne.	6,000	15,000	6,000	15,000
Ray-grass, vert	50,000	100,000	12,000	25,000
¡ Fèvrole.	1,600	4,400	6,500	18,900
¡ Tiges, feuilles.	5.000	8,000	10,000	16,000
pommes de terre.	17,000	38,000	8,500	19,000
¡ Topinambour.	24,000	72,000	12,000	36,000
¡ Tiges feuilles.	5,000	7,500	1,000	2,500
Bette.	20,000	100,000	6,600	55,000
Carotte.	16,000	75,000	5,200	25,000
Turneps.	60,000	120,000	12,000	24,000

CONCLUSION. — Dans toutes les parties de l'agriculture on retrouve les mêmes principes, *l'unité dans la variété*, la loi de la Création, qui est la règle de toute organisation féconde de l'homme, de tout bon aménagement des choses. *Aménagement*, mot malheureusement aussi peu connu que la chose est peu pratiquée ; cependant bien aménager la production des fumiers, récoltes, bestiaux, l'emploi de toutes ces choses, c'est décupler ses moyens, ses produits (1). Voici les effets d'un mauvais ou d'un bon aménagement des choses. Le sol et le climat de l'Angleterre sont inférieurs aux nôtres. Les Anglais consacrent 15 hectares aux animaux, 4 à l'homme ; nous, 9 aux animaux, 18 à l'homme ; ils ont la moitié du sol en prairie, nous le huitième ; en blé le seizième, nous le quart ; leurs prairies leur rendent 3 ou 4 fois plus que nos prés et nos terres à repos ; ils récoltent en moyenne, en blé, 25 hectol., nous, 12 ; avoine, 36, nous, 18 ; orge, 30, nous 15 ; ils ont des bestiaux d'un volume et d'un poids doubles des nôtres en nombre 3 à 4 fois plus considérable, croissant une fois plus vite, donnant une fois plus de viande et de lait. Produisant six fois plus de nourriture pour les animaux que nous, ils les nourrissent abondamment, les nôtres ont souvent une nourriture insuffisante. Ils ne livrent à la reproduction que les animaux de choix, nous faisons reproduire les mauvais comme les bons. Ils font beaucoup de fumiers, les préparent bien, en emploient utilement 3 à 4 fois plus que nous et d'énormes quantités d'engrais artificiels. Avec ces masses d'engrais ils ont défriché avec avantage 5 millions d'hectares. Chez nous on ne dispose que du tiers des engrais produits, on emploie peu d'engrais artificiels, on

(1) Dans divers écrits : Statistique de l'arrondissement de Fougères ; observations sur l'enseignement élémentaire ; organisation du service des chemins vicinaux (à Paris, chez M. Dusacq, rue Jacob, 26), nous avons démontré la valeur pratique d'un bon aménagement des choses, nous la démontrerons encore prochainement dans un écrit sur *l'organisation de la statistique des récoltes*.

n'utilise que le quart de la valeur des engrais employés ; nos terres en rapport manquent toujours d'engrais, les défrichements se font à leur détriment. Leurs instruments aratoires labourent la terre profondément, les nôtres la grattent superficiellement. Nous économisons sur tout, ils n'économisent sur rien ; sol, animaux, hommes, reçoivent une nourriture abondante, substantielle et produisent beaucoup ; en France, ils reçoivent une nourriture insuffisante, peu nourrissante et produisent peu. Les anglais ne demandent aux terres et aux bestiaux de produire que ce qu'ils sont aptes à produire avec économie ; nous, nous leur demandons de rendre plus qu'on ne leur donne : nous demandons aux terres médiocres, mal fumées, des récoltes et des bestiaux exigeant un sol riche ; aux bestiaux faibles et mal nourris du travail, de la viande, du lait. Dans l'aménagement de la culture anglaise l'amélioration du sol et des bestiaux va toujours croissant. Le produit brut d'un hectare est en Angleterre de 245 fr., en France, de 146 fr.

Savoir chaque année si les récoltes suffisent pour nourrir la population ; si la production agricole croît comme les besoins de cette population : tous les ans la statistique des subsistances doit résoudre ces problèmes, ce que jusqu'ici elle n'a pu faire. On sait seulement positivement, 1° que, année commune, non compris les années de disette, la France ne produit pas le blé nécessaire pour sa nourriture ; ce déficit est, en moyenne, d'un million d'hectolitres, trois jours de nourriture en blé ; 2° que, vu l'accroissement et les exigences de la population, tous les ans ce déficit augmente de deux jours, au moins, de nourriture, si l'agriculture ne produit pas chaque année 600,000 hect. de blé en plus. On n'en saura jamais plus, tant qu'on n'organisera pas la recherche et la mise en ordre des documents statistiques sur les subsistances. Mais le mieux serait, comme dans les années d'abondance, de ne pas avoir besoin de consulter cette statistique, en ayant toujours des années d'une abondance relative ; cela est possible dans les limites assignées par Dieu à la puissance de l'homme. Par un meilleur aménagement des choses de l'agriculture, nous pourrions facilement doubler notre production en blé ; et, ce qui est plus important, celle en viande. Produire la viande en plus grande quantité, nécessite la production d'immensément de fourrages, améliorant le sol, procurant les fumiers les plus abondants, source la plus certaine de l'augmentation toujours croissante de la fertilité du sol, augmentant la production en blé ; chaque 200 k. de fourrage, obtenus et convertis en engrais, augmentent d'un hectolitre le blé qui succède au fourrage. Plus la production en bestiaux s'accroît, plus celle en blé augmente. Les animaux précoces de boucherie donnent le plus de viande; paient la nourriture le plus haut prix, par leur accroissement et leur engraissement rapide; donnent le fumier au plus bas prix. Les bestiaux ne sont pas seulement des machines à fumier, viande, travail, ils sont aussi des machines à graisse, lait, beurre, fromage, laine, peau, corne, os, matières industrielles objet d'un grand commerce. Plus ces matières sont produites en grande quantité et ont de valeur, plus le prix de revient de la viande diminue. Plus la viande est à bas prix, plus on en consomme, plus on en produit, plus la richesse publique augmente.

Encourageons par tous les moyens la consommation de la viande. Tout prospérant quand l'agriculture prospère, l'AGRICULTURE, ce plus grand producteur, consommateur, commerçant, d'où tout sort, où tout rentre, d'où dépend tout, l'existence, le bien-être, le repos de la société, l'abondance du travail, la prospérité nationale doit passer avant tout, être l'industrie privilégiée, devenir lucrative pour ceux qui l'exercent, être forte, et sa force est dans les bestiaux. En France on mange trop de pain, trop peu de matières animales, de farines de légumineuses. Nos habitudes d'alimentation sont une des causes de notre infériorité agricole, de la lenteur des ouvriers de la culture, elles peuvent influer sur la santé des laboureurs, le pain ne contenant pas assez de chaux pour la nourriture des os. La viande, objet de luxe pour vous, est objet de première nécessité pour les Anglais ; l'ouvrier anglais, qui mange beaucoup de viande, produit plus du double de travail que l'ouvrier français. Pour l'homme qui fatigue beaucoup, rien ne donne de l'activité, de l'énergie comme une nourriture animale ; elle procure une économie de dix à vingt pour cent par la plus value de travail que donne l'ouvrier. Ne craignons pas de produire trop de viande et de grain, nous avons huit indigents sur cent habitants, toujours, et au moins quarante-huit sur cent dans les années de cherté; le grand marché anglais est à notre porte : un bétail très-nombreux est le meilleur des greniers *d'abondance*.

Que les comices donnent donc avant tout des primes pour la production la plus grande, au plus bas prix, la bonne tenue, le meilleur emploi des *fumiers*, la production la plus abondante de *fourrages*. « Dites ce que vous voudrez, » faites ce que vous pourrez, tout sera inutile si vous ne » commencez par *améliorer* le sol par *d'abondantes fumures*. » Ce doit être votre pensée dominante, appliquez-y la plus » plus grande partie de vos fonds d'encouragement et sur-» tout votre volonté, votre énergie, votre persévérance. » (Jacques Bujault). » Mais avant tout encore, que les co-mices créent ce qui n'existe pas en France, *la publicité*, *l'instruction* agricoles par les journaux de la localité, de petits livres à bas prix, des conférences agricoles communales du Dimanche (comme celles établies par nous en 1841, dans l'arrondissement de Fougères) et cantonnales des jours de foire et marché, afin de détruire *l'isolement intellectuel*, *l'ignorance de nos la-boureurs*. Car on l'oublie trop, la plupart ne savent pas lire, il faut que l'instruction *sur place*, par la parole, la lecture à haute voix aille les trouver chez eux. Les primes sont une bonne chose, mais c'est un moyen d'action insuffisant, qui n'agit pas assez souvent ni d'une manière assez générale ; tandis que l'instruction agricole qui nous manque, qui est le plus grand obstacle au progrès, la principale cause de notre infériorité agricole, a une action générale de tous les instants. Tant vaut l'homme, tant valent la terre et le bétail. Tant vaut la terre, tant valent les récoltes et les bestiaux. L'homme ne vaut que par *l'instruction*, qui lui apprend l'art de bien aménager les cultures et l'élevage du bétail ; la terre ne vaut fourrage et blé, que par d'abondantes *fumures* ; les bestiaux ne valent fumier, viande, travail, que par d'abondants *fourrages. Instruction, fumier, fourrage*, tout est là.

Dans cet écrit, nous avons eu pour but de signaler à l'attention, aussi bien des riches propriétaires (les lumières devant venir d'en haut), que des plus pauvres cultivateurs des faits, des principes trop peu connus, propres à leur démontrer l'importance, la nécessité de l'instruction agricole, à les engager à se procurer quelques ouvrages d'agriculture, tels que le *Calendrier du bon cultivateur de Dombasle*, qui reste toujours le meilleur de nos ouvrages généraux d'agriculture pratique ; et, pour les départements de la Manche, d'Ille-et-Vilaine et de la Mayenne, *Bodin, éléments d'agriculture pour l'Ille-et-Vilaine ; Jamet, pour la Mayenne :* On les trouve, ainsi que notre petit écrit sur le *Fumier* et le *Journal d'agriculture pratique.*

A PARIS, CHEZ M. DUSACQ, RUE JACOB, 26.

ERRATA. — L'espace nous manque pour signaler quelques fautes d'impression, qui d'ailleurs ne changent pas le fond de notre pensée, si ce n'est page 23, ligne 15 et 22, paquets, lisez poquets (trous où l'on dépose l'engrais et les graines).

Valognes. imp. ve Carette-Boudessein.